室内设计

/ Interior Design

21世纪全国普通高等院校美术·艺术设计专业“十三五”精品课程规划教材

The 13th Five-Year Plan Excellent Curriculum Textbooks for the Major of

Fine Arts and Art Design

in National Colleges and Universities in the 21st Century

编著 阮忠 黄平 陈易

辽宁美术出版社

Liaoning Fine Arts Publishing House

图书在版编目（CIP）数据

室内设计 / 阮忠等编著. — 沈阳 ：辽宁美术出版社，2020.8

21世纪全国普通高等院校美术·艺术设计专业“十三五”精品课程规划教材

ISBN 978-7-5314-8447-9

Ⅰ. ①室… Ⅱ. ①阮… Ⅲ. ①室内装饰设计－高等学校－教材 Ⅳ. ①TU238.2

中国版本图书馆CIP数据核字（2020）第044586号

出版发行　辽宁美术出版社
经　　销　全国新华书店
地　　址　沈阳市和平区民族北街29号　邮编：110001
邮　　箱　lnmscbs@163.com
网　　址　http://www.lnmscbs.cn
电　　话　024-23404603
封面设计　彭伟哲　孙雨薇
版式设计　彭伟哲　薛冰焰　吴　烨　高　桐

印制总监
徐　杰　霍　磊

印　　刷
辽宁北方彩色期刊印务有限公司

责任编辑　罗　楠
责任校对　郝　刚
版　　次　2020年8月第1版　2020年8月第1次印刷
开　　本　889mm×1194mm　1/16
印　　张　9
字　　数　220千字
书　　号　ISBN 978-7-5314-8447-9
定　　价　55.00元

图书如有印装质量问题请与出版部联系调换
出版部电话　024-23835227

序 >>

「 当我们把美术院校所进行的美术教育当作当代文化景观的一部分时，就不难发现，美术教育如果也能呈现或继续保持良性发展的话，则非要"约束"和"开放"并行不可。所谓约束，指的是从经典出发再造经典，而不是一味地兼收并蓄；开放，则意味着学习研究所必须具备的眼界和姿态。这看似矛盾的两面，其实一起推动着我们的美术教育向着良性和深入演化发展。这里，我们所说的美术教育其实有两个方面的含义：其一，技能的承袭和创造，这可以说是我国现有的教育体制和教学内容的主要部分；其二，则是建立在美学意义上对所谓艺术人生的把握和度量，在学习艺术的规律性技能的同时获得思维的解放，在思维解放的同时求得空前的创造力。由于众所周知的原因，我们的教育往往以前者为主，这并没有错，只是我们更需要做的一方面是将技能性课程进行系统化、当代化的转换；另一方面，需要将艺术思维、设计理念等这些由"虚"而"实"体现艺术教育的精髓的东西，融入我们的日常教学和艺术体验之中。

在本套丛书出版以前，出于对美术教育和学生负责的考虑，我们做了一些调查，从中发现，那些内容简单、资料匮乏的图书与少量新颖但专业却难成系统的图书共同占据了学生的阅读视野。而且有意思的是，同一个教师在同一个专业所上的同一门课中，所选用的教材也是五花八门、良莠不齐，由于教师的教学意图难以通过书面教材得以彻底贯彻，因而直接影响到教学质量。

学生的审美和艺术观还没有成熟，再加上缺少统一的专业教材引导，上述情况就很难避免。正是在这个背景下，我们在坚持遵循中国传统基础教育与内涵和训练好扎实绘画（当然也包括设计、摄影）基本功的同时，向国外先进国家学习借鉴科学并且灵活的教学方法、教学理念以及对专业学科深入而精微的研究态度，辽宁美术出版社同全国各院校组织专家学者和富有教学经验的精英教师联合编撰出版了《21世纪全国普通高等院校美术·艺术设计专业"十三五"精品课程规划教材》。教材是无度当中的"度"，也是各位专家多年艺术实践和教学经验所凝聚而成的"闪光点"，从这个"点"出发，相信受益者可以到达他们想要抵达的地方。规范性、专业性、前瞻性的教材能起到指路的作用，能使使用者不浪费精力，直取所需要的艺术核心。从这个意义上说，这套教材在国内还是具有填补空白的意义。

21世纪全国普通高等院校美术·艺术设计专业"十三五"精品课程规划教材编委会 」

目录 contents

前　言

PREFACE

在室内设计专业和建筑学专业的专业设计课程中，室内设计（即室内课程设计）占有相当重要的位置。作为室内设计专业的学生，此课程直接作用于其专业方面的能力的培养；对建筑学专业的学生而言，室内课程设计能促使其从内部空间的组织与再创造和具体的使用要求的角度，对建筑进行更深入的理解和认识。室内课程设计的学习过程中，还要综合运用建筑学原理、室内设计原理、人体工效学、建筑技术和建筑照明等相关其他专业基础课的内容，它综合反映了学生的设计素养和创作能力。若对室内空间没有正确的认识，要想成为一个真正合格的建筑师也是困难的。所以，室内设计这门课程对于室内设计专业、建筑设计专业和其他相关专业的专业设计能力的培养和熏陶，具有举足轻重的作用。

在实际的教学工作中，我们发现学生对于设计的理解，往往比较热衷于表面的形式。这一方面是因为美感的确是室内设计主要解决的问题之一；另一方面是由于学生对现实生活中的不同性质的建筑缺乏深入的了解，对于不同生活和场合的人的要求缺乏真正的理解；对于影响室内设计最终效果的技术、材料等因素也未能引起真正的重视。这样的结果就是设计流于表面的形式，而深度不足。现在重温室内设计的内涵和其应解决的问题，有助于把握设计的关键因素和形成正确的设计思维方式；也有助于设计学习过程中开拓创意的多种途径。

一、室内设计的内涵与特点

“室内设计是根据建筑物的使用性质、所处环境和相应标准、运用物质技术手段和建筑美学原理，创造功能合理、舒适优美、满足人们物质和精神生活需要的室内环境。”（《室内设计原理》来增祥、陆震纬编著，上册P10）

从表面来看，室内设计涉及的是建筑的室内部分，是在建筑设计完成以后，或者建筑物已建成以后，室内设计的工作才能开始。但事实上，现在大量建筑的方案初始阶段，建筑师对于建筑的公共部分的室内设计已经有所设想和规划。在一些建筑的招投标阶段，也明确要求同时出具某些空间的室内设计方案。建筑的根本目的是为人所用，倘若在建筑设计的方案阶段，对于内部的空间效果与形式风格没有一个基本的意向，那么设计的结果为什么是这样是好的就存一个疑问。建筑师的一个空间构架基本形成时，即要室内设计师提前介入，现在已成为新建建筑操作运作的方式之一。建筑语言也是室内设计语言的一部分，从这一角度来说，室内设计与建筑设计有一个相互整合的过程，它们的关系是交织在一起的。建筑设计与室内设计的界线是模糊的，这个模糊性反而能够导致空间更趋合理，平面功能更趋紧凑，建筑内外的关系更趋有机统一。因此，工作界限的模糊性是室内设计的第一个特点。

室内设计的第二个特点是关注整体秩序的控制。室内设计过程中，需要处理的元素和控制的因素是多样的。这些元素和因素包括：平面的布置、空间的处理、界面的细部、材料的选择、色彩的搭配、家具设计或选用、灯具的设计或选用、陈设设计和绿化设计等内容，还要协调这些元素与设备管线的关系。室内设计注重整体效果，从这个角度来说，设计师应该将工作一直延续到内部的标志设计，因为只要有一个方面的败笔就有可能对整体效果带来不良的影响。整体依赖于对设计元素和因素之间关系秩序的控制。这里所述的“秩序”即是对比与差别的视觉心理的强弱顺序关系。对于每一类元素或者某个因素来说，它本身就包含有秩序问题，比如空间有秩序，功能有秩序，细部设计有主从的秩序，色彩有强弱的秩序等等。对于这些秩序，一般还较易理解，但要理解和把握好这些秩序之间的秩序——整体秩序就不那么容易，需要仔细的揣摩和长期经验的积累。

秩序不是依靠简单的处理就能得到，更不是把这些元素、因素放在一起就自然而然地能够产生。它需要设计师有意识地主观地加以控制和调整才能得到，这种有意识就是设计师心中的“理想化”。这样说来，室内设计也应是一种将理想转变为现实的过程。有了这么一种理想的模式，它就能促使或者启发设计师在不利甚至于苛刻的条件下，产生许多灵感的火花，不断调整秩序之间的关系，抑制那些对整体效果产生影响的元素，使之成为理想模式的一个有机组成部分。“理想化”并不是异想天开，它要求设计师深入分析项目的客观条件和有关规范的规定，再结合设计师的情感意识后才能形成。所谓设计的个性，也就是这种“理想化”秩序的具体表现。

室内设计的另一个特点就是“细致”。因为所有的设计依据和设计原则的出发点就是“以人为本”，没有细致的功能分析和平面推敲，就没有符合人的行为模式的平面布局；没有细致的立面设计，就没有赏心悦目的视觉感受；没有与其他设备工程细致的协调工作，就没有真正舒适的环境。室内设计这种细致的要求，迫使设计师必须了解不同空间中人的不同行为流程和行为心理，掌握艺术的视觉心理特点，了解最新的设计流行趋势和材料信息，对各种新兴的工艺和构造有钻研精神，只有这样才能使你的设计成果真正体现出“以人为本”的设计精髓。

二、室内设计应解决的主要问题

对一个具体的设计任务来讲，主要面临的问题可归结为两大类：物质层面上的功能与技术问题和精神层面上的设计表现的形式。

室内设计将为人的生活和工作创造合适的环境作为最基本的任务，首先应解决的是功能问题。因此，在平面布局和流线组织上必须满足人的基本活动和业主的使用要求。要达到这一目的，须将设计师的设想、具体的空间设计条件和使用的要求有机相结合，不断地反复斟酌和比较。因为你面对的空间可能有很多的制约因素，有时你也可能对某个行业的服务流程不甚了解，这就要求设计师进行现场的调研和参观，把自己放在经营者和工作人员的角度来思考问题，这样，平面设计的成果才能真正符合实际使用的要求。

在功能技术方面要解决的第二个问题即是要协调好室内各种设备与设计效果之间的关系。对于一个大型的公共建筑室内设计来说，空调管线的布置、消防喷淋的位置有它们各自的技术要求和规范，这些设备管线又得占去一定的空间。所以，它们对于整个空间的设计有一定的制约作用，它们的位置对于相应的界面的形态和细部设计、色彩的搭配也会带来一定的影响。因此，在方案设计的初始阶段，将这些设备因素作为设计思索应对的问题，对于设计的深化是非常有必要的，也是提高工作效率的途径之一。

功能技术方面的第三个问题即应该对高新技术采取积极的接纳态度。日裔美籍建筑师雅马萨奇认为："充分理解并符合我们的技术手段的特点，如此才能在重建环境的任务中保持节约，才能使我们的建筑建立在进步的基础之上，并成为其象征。"新技术能带来便捷和新的视觉体现。如使用自动闭门器，当人经过时，门能自动开启和关闭；自动照明调光系统随着季节和日夜光照的变化，自动控制照明灯具的亮度和艺术效果。这些智能化的技术，不仅给人们带来了方便，也是环保节能理念的具体表现，也似乎显得人与设备的关系更加紧密和融洽。由于使用了高新技术，也增加了环境的安全系数，如在一些高档宾馆和写字楼里的特殊楼层，电梯里设置了自动识别系统，不刷卡就无法进入某些楼层。高新技术是无形的手，提升了使用者对室内环境的评价指数，也易使业主产生一种技术领先的自豪感，自然而然地就会使人们增加对设计的认同感。

室内设计仅达到功能技术方面的安全和合理的要求，还不能完全满足人们希望室内环境本应在精神上给予的关怀和认同，从这个角度来说，室内设计还必须具有与空间性质相适应的设计艺术形式。对于设计形式的创造，应以空间的性质为设计依据，以创造合适的室内氛围为目标；从平面限定、空间形态、细部、色彩、材料和照明等方面来推敲形式；以色彩、符号的象征和隐喻作用作为提升空间品质的方式。室内设计的形式是一种综合的效果，那么就应在学习过程中，逐步形成整体思维的方式。形式的创造有客观存在条件的一面，也有主观驾驭的一面，将此两个方面有机结合，才是创造设计形式的有效途径。

除了上述功能技术和设计形式两个主要需要解决的问题以外，还有一个造价控制问题。室内设计毕竟还是一个商业行为，一定的投资限额也决定了设计的标准高低。因此，设计师也必须以造价控制为依据，对所能运用的设计手法和材料的使用做出合理的规划，这样的设计，才能真正成为可以实现的项目。虽然说造价的控制对于我们目前的课程设计关系不太大，主要是为了使大家放开思路，教学要求不会在造价方面作过多的限制，但是，有这么一个意识，对于以后的工程实践还是非常有必要的。

三、课程设计的内容设置

一个合格的室内设计师既要能从建筑的宏观角度来考虑室内设计，也要善于从人的行为和视觉心理的方面来研究局部的细部设计；不仅能够用"大手笔"去表现建筑空间，而且也擅长用个性化的语言使空间赋予新的丰富的内涵。

室内设计课程以培养学生的基本素质为出发点，以形成正确的思维方式和掌握多样的研究手段为重点，以能适应今后的实际工作为目的。我们在日常的设计教学中所采纳的课题主要包括："民俗博物馆门厅室内设计"、"名家风范"、"行为心理"、"材料细部"、"艺术沙龙室内设计"、"旅馆大堂室内设计"和"毕业设计"等内容。

选择这些课题作为设计内容，不同的训练目的主要包括：有的侧重训练对某些设计方面的认识；有的强调对建筑与室内关系的认识；有的是关于设计的综合效果的控制；有的注重个性的张扬。通过这些不同的课程内容和目的，以使学生真正地加深对室内设计内在规律的认识。

为了提高学生对设计的兴趣和分析设计的能力，在整个设计教学过程中，宜采用不同的教学模式。如对于"行为心理"和"材料细部"等课程，强调现场调研；对于"旅馆大堂室内设计"这类专业性较强的课题，则采用由专业管理人员以讲座的形式并结合现场参观来进行。在有的设计课题开展之始，也要求学生撰写读书报告或调研心得，进行小组范围内的讨论，这样既锻炼了他们的口头评说方案的能力，又使得设计案例的信息来源更加广泛了。

围绕提高学生综合的设计素质和能力，在这些课题具体的设计过程中，应要求采用不同的设计方法与手段。如在"名家风范"和"艺术沙龙室内设计"等课题，强调用模型的手段来进行辅助设计；在三年级阶段注重手绘能力的培养；在四年级阶段设计的表现方法以计算机绘图为主。实践证明，用手绘和模型的教学方式，对于培养学生的空间思维能力是相当有效的，这种方式也易激发学生的创作灵感的显现；而熟练掌握计算机的绘图软件，对于丰富表达的手段，提高设计的精确性和效率，也是其他方法无法替代的。只有将这些方式纳入到整个设计教学的体系之中，使学生在设计学习的过程中，接触不同的表现手段和思考方式，才能把他们设计方面的潜能和特长给真正地挖掘出来。

作者简介

阮忠，生于1964年11月。1989年9月入同济大学攻读建筑设计及理论专业研究生，1992年3月毕业，获硕士学位并留校任教。主要担任建筑设计、室内设计以及建筑环境表现的教学工作。著有《建筑画原理与创作》、《室内环境透明水彩表现艺术》等书籍，并在专业杂志上发表了多篇论文，主持或者参与了多个建筑、室内和规划的设计工作。现为同济大学建筑系副教授。

黄平，1971年生。1995年建筑学专业本科毕业，获建筑学学士。1996年就职于同济大学城规学院建筑系，现为同济大学城规学院建筑系讲师。主要从事建筑设计和室内设计方面的教学与研究。在工程实践方面主要从事办公大楼、图书馆等大型公共建筑的室内环境设计。

陈易，同济大学建筑系教授，博士，博士生导师，国家一级注册建筑师，高级建筑室内设计师，意大利帕维亚大学访问教授，加拿大城市生态设计研究院成员，上海市建筑学会理事、上海市建筑学会室内外环境设计专业委员会副主任。发表论文几十篇，出版有《室内设计原理》、《建筑室内设计》等书籍。

室内设计的不同设计阶段
常用室内方案设计的步骤与方法
室内方案设计主要图纸的具体要求

中国高等院校
THE CHINESE UNIVERSITY
21世纪高等院校艺术设计专业教材
建筑·环境艺术设计教学实录

CHAPTER 1

室内方案设计的步骤与方法

第一章　室内方案设计的步骤与方法

第一节 室内设计的不同设计阶段

与一般建筑设计过程一样，室内设计也可分为：方案设计、初步设计和施工图设计三个阶段。

一、方案设计阶段

方案设计是整个设计工作的基础，因为这个阶段的成果就是设计完成后项目的基本面貌。具体说来，这个阶段工作重点是要与业主进行沟通（或者通过设计任务书），理解和掌握业主对设计的基本意向和打算。在此基础上，设计师提出自己的创意和想法，明确设计风格的倾向。在综合分析了各种设计的条件以后，确定整个设计的平面布置，完成各主要界面的设计，并绘制主要室内效果图和制作设计所选用材料的实样展板，并要附上设计说明和工程的造价概算。

二、初步设计阶段

初步设计阶段主要是在听取各方面的意见后，对已基本决定的方案设计再进行调整，并对照相应的国家规范和技术要求进行深入优化设计。协调设计方案与结构、相关设备工种等的关系。同时，应该确定方案中的细部设计，如不同材料之间的衔接、收边、板材分格的大小等在方案阶段中未经深入考虑的细节问题，并要补齐在方案阶段未出的相关平面和立面等的图纸。

三、施工图设计阶段

施工图的深度和质量是影响最后设计效果的重要因素之一。此阶段的室内设计主要设计文件包括：详细的设计说明、施工说明、各类设计图表、施工设计图纸和工程预算报告等。施工设计图纸除了包括标注详尽的平面图、立面图和剖立面图以外，还应包括：构造详图、局部大样图、家具设计图纸等内容。另外，还须提供设计最终的材料样板。

对于一些规模较小的工程，为了缩短设计周期，往往由方案阶段直接进入施工图设计阶段，将初步设计需进行的深化调整工作与施工图设计阶段的工作一并进行，但在具体的工作步骤上，这种工作内容的区分还是存在的。

至于整个设计工作，并不是施工图设计的完成就意味着结束，设计师还需在工程进程中与施工单位进行设计交底，遇到具体的问题还需对设计进行变更设计，并协助甲方和建设单位进行工程的验收工作。

在日常的教学工作中，学生们常轻视构造课的学习，以为这些都是工程技术上的问题，似乎与方案设计中的想法与创意没有多大的联系。这是一个非常有害的偏见。因为作为一个设计师，若工作的深度仅停留于方案阶段，对施工图设计不甚了解，那么，他（她）的方案设计往往得不到很好的实施。同时，由于有这么一个缺陷，对于设计师本人来说设计也不能做到非常自信。因为，对于材料性能的制约或者细部构造不熟悉会渐渐地形成设计的桎梏，束缚你的〝手脚〞，不利于展开创造的翅膀，这是其一。其二是现代设计很多形式的趣味也来源于设计细部构造，构造也有比例和形式问题，忽略构造设计也就阻断了设计创意的一个重要源泉。

总之，对于一个学习室内设计的人来说，熟悉和掌握整个设计流程的每个环节是十分必要的，室内设计与其他相关辅助课程是一个有机整体，不能厚此薄彼，这样，才能有利于设计能力的真正提高。

第二节 常用室内方案设计的步骤与方法

凡做事都应讲究一个工作的方式和方法。在进行室内方案设计时，采用一定的方法与步骤有助于设计工作的开展，有利于设计思绪的展开；就设计本身而言，其有一个时间的限制，故采用一定的方法，对于提高效率，控制设计周期，确保成果按时按质地完成，也是至关重要的。

从整个方案设计的过程来看，它大致可分为四个阶段：设计概念的形成、方案草图设计、方案深化阶段和方案完成制作阶段。

在设计上，不能说存在一个唯一正确合理的答案，作为设计师，只能追寻一个趋于合理的并使业主能够满意的方案。如果在设计的概念上无休止地修改和调整，而不在深化上下一定的工夫，不能很好地协调设计概念与工程的实际状况可能存在的矛盾，即使有很好的创意，同样得不到理想的设计成果。反过来讲，在方案的深化阶段，能够很好地处理空间形态、细部设计和色彩等的关系，但在设计概念上没有创意，或者缺乏个性的特征，要使方案具有吸引力也是非常困难的。再进一步说，即使有了好的概念方案，也擅长解决具体的设计细节问题，但没有能力将方案表达好，那么，先前的工作也可能面临半途而废的窘境。所以，明确每个阶段的工作侧重点，采用合适的设计方式，合理分配作业时间，是方案能否顺利进行的关键所在。

一、设计概念的形成

概念是“反映客观事物的一般的、本质的特征”。所谓设计概念即是初步方案设计之前，设计师针对某个项目酝酿决定所采用的最基本的设计理念和手法。设计概念反映着设计者独有的设计理念和思维素质，它是对设计的具体要求、可行性等因素的综合分析和归纳后的思维总结。室内设计的设计概念涉及方案实施条件的分析、设计方案的目的意图、平面处理的分析、空间形态的分析和形式风格的基本倾向等内容。

一个成功的设计，这种设计的概念在最后的设计成果中往往是清晰可辨的。如让·努维尔(Jean Nonvel)在瑞士设计的Lucerne旅馆，将大幅图像照片用于客房顶面的设计。他在这里的基本设计概念就是想通过顶面的图像形成特定的客房氛围，乃至整个旅馆的设计风格，客房设计显得新颖别致，整个建筑的外立面在夜晚更具迷人的魅力。斯蒂文·霍尔设计的“艺术和建筑的临街展示厅”(Storefront for Art and Architecture)，为了突破空间的局限性，他在空间的处理上采用破墙借景的设计概念，不仅产生了空间的对话，而且也形成了犹如“装置艺术”的立面效果。那么，如何才能形成一个项目的设计概念呢？除了依赖于设计师的天分和涵养之外，从室内设计的设计概念所涉及的内容来看，善于和勤于现场调研就是一个重要的途径。

现场调研的广度和深度可根据具体设计的内容而定。大到所设计项目周边的环境，如城市风貌的历史及其演变过程，小到设计对象现存的尺度和结构状况；既可对实施的项目进行实地考察，也可以对相关的项目设计进行比较和研究。结合具体设计的使用要求，分析、比较各种思路和想法，就有可能提出可进一步发展的设计概念。

作为初学者可能对某一类的设计项目较陌生，在较短时间内也没有机会参观相似的项目设计。那么，查阅相关书籍也是一个方式。重要的是不仅要看设计案例的成果图片，而且要理解设计师的构思和想法，当然更加需要用所学的专业知识去自己辨别和分析，逐步形成作为室内设计师的设计思维方式，培养敏锐的感觉，这对于设计概念逐步的形成也必然是有裨益的。

要形成独特的设计概念，扩大知识面也是一个重要方面。如建筑师赫尔佐格和德梅隆在法苏霍兹(Pta-thenhclz)体育场的设计中，在立面的混凝土和玻璃表面上采用了印刷的技术，从而使原本虚实关系差别很大的材料，因为印有图案之后，这种对比被削弱了，在室内形成了“含混不清的匀质光线的效果”。如果赫尔佐格和德梅隆不了解这方面的技术，也就不可能有这么一个设计效果。从这个设计项目也可以看到，有的设计概念是以某个项目为媒介表现出来，但它未必一定和此设计具体的设计条件和要求有关联，设计概念也是设计师设计思想发展的产物，从某种意义上来说，它超越了具体设计的本身。

设计概念形成阶段的设计图纸没有必要涉及过细的具体设计内容，而是将重点放在概念形成的分析之上，反映的是整体的设计倾向。图纸上一时不宜表达的内容可以用文字予以提示，用特殊的线形说明流线和视线等的关系，用色块表示功能的分区，还可以用一些相关的图片来表现设计效果的意象。

设计概念的形成不是一蹴而就的，它是一个需要不断地反复斟酌的过程，一个由模糊至清晰的过程。安藤忠雄在论述建筑的构思时讲道："人如果满足现状就会止步不前，自己应该具有主动的思考能力，而且自己要能够冷静客观地思考，持有自我批评、自我否定的能力。"这么一种学习研究状态，对于概念设计阶段和接下来的方案草图设计阶段，都显得尤为重要。

二、方案草图设计

在设计概念的形成过程中，对于所要解决的具体问题还处于一个基本的估计阶段，当进入方案草图设计阶段，就要针对设计任务书上的具体要求进行设计。

在此阶段，应依照设计概念所定的基本方向对整个环境的平面、空间和立面等内容进行设计。设计是整体的效果，虽然是草图阶段，还是应对所选用的材料和色彩的搭配做出规划，甚至于有一些照明设计的内容，因为照明设计与最终环境气氛的效果和人对形式的知觉有密切的关系。

方案草图设计的成果要求：基本的平面设计和顶面设计、重要空间的小透视、主要立面图、分析图若干个以及文字说明等内容。

方案草图设计并非对设计概念不做调整。因为当进入具体设计阶段，也会发现原先的设计概念存在不合理，甚至于不可能实现的问题，随着工作的展开，觉得有更好概念应取代原有的想法，这时，应对原有的设计概念做出及时的调整和修改，以不影响下一步工作计划的实行。

三、方案的深化阶段

设计思考的整体性在整个方案阶段应是一直强调的问题，也就是说，平面、立面、家具、照明、陈设等因素都是相互关联的整体。在设计草图阶段，不可能都考虑得非常周到，但它们都已被纳入到设计的整体思维之中，到了方案的深化阶段，就必须将已经思考过的这些因素用具体的图纸或电脑模拟的效果予以表现出来，这样即能较直观地检查设计效果。

深化设计的阶段也是一个方案不断完善的过程。在这个过程中，要对平面的铺地进行设计，因为铺地是一种空间限定和引导人流活动的元素；还应对顶面进行深入设计，顶面也是空间限定和形式表现的重要元素，顶面上的灯、风口、喷淋等设备不仅有使用上的具体要求，其形式和位置也有一个美观问题，特别是灯具的形式和布置的方式对设计形式影响较大。

设计的深化不仅是将设计做得如何细致和全面，笔者以为还应从设计的某个侧面来思考元素之间的相互关系。"一个建筑要素可以视作形式和结构、纹理和材料。这些来回摇摆的关系，复杂而矛盾，是建筑手段所特有的不定和对立的源泉。"（摘自《建筑的复杂性与矛盾性》罗伯特·文丘里著）现在较盛行的旧厂房、仓库改建，将素混凝土、砖墙和型钢作为形式中的重要表现元素。随着这些改建而成的画廊、酒吧、艺术家工作室逐渐凝聚起的人气，使得这些材料成为先锋设计的象征，所以从设计元素的整合效果和多重角色来思考设计，也应是设计深化的重要方面之一。

深化设计的结果就是注重整体效果的前提下，在设计草图的基础上完善立面设计、色彩设计，完成家具的设计或者选型、绿化设计和陈设配置等工作。这个阶段的工作原则应是"宜细不宜粗"，因为只有这样，才能体现"以人为本"的设计精髓。

四、方案的完成制作阶段

方案的完成制作阶段，在课程设计中，也称作为"上板"，主要是依据设计任务书具体的图纸要求，完成正图的绘制。

通常的方案设计图纸内容主要包括：平面图、顶面图、立面图（或剖面图）、室内透视图、室内装饰材料实物样板、设计说明和工程概算等内容。

在学校的课程设计中，考虑到学生收集装饰材料样板较困难，即使有了样板，交图后保存也不方便，故要求同学将所选用的材料照片附在图上即可，至于工程概算不作为要求内容。

在上板阶段，建议同学先进行效果图制作。因为，效果图制作过程中，还能及时发现设计中存在的问题，特别是设计中材料的选择和色彩的搭配，通过效果图能帮助设计深化的工作，故先制作效果图，有利于其他图纸进一步完善。

对于图纸的大小和形式，一般采用A1的展板为主，或者A3的文本形式。平时课程设计以展板的形式为主，这样便于教学之间的展示和交流，毕业设计是展板与文本相结合，文本主要是为了评阅人士方便审阅。

五、方案阶段三种常用形态研究的方法

三种常用形态研究的方法是：徒手作图、模型制作和电脑三维模型。

在设计概念形成的阶段，徒手作图是经常被采用的方法。因为徒手作图方便，便于交流，能看得出设计的思考过程，有利于激发设计师的灵感。虽然有时草图由于多次的修改显现出模棱两可的感觉，但这种感觉有时也常给设计师以一种新的启示。

在方案的草图阶段，采用设计方法也常以徒手作图为主，并可结合模型制作。这里讲的模型主要是指用于空间形态研究的纸板、木片等材料制作而成的草模型。为什么要使用模型？因为即使徒手透视画或者计算机三维模型，都是从某个角度或一个角度接一个角度去审视设计，而往往不佳的视觉角度会被忽略，这也就会掩盖设计可能存在的问题。而真实的模型就不同了，可在短时间内进行多方位的比较研究，也易引导空间思维的深化。从表面上看，制作真实模型得花去一定的时间，但从笔者的教学结果上来看，设计的效率反而提高了。所以用徒手作图和草模型制作分析的方法对于方案草图设计的推敲是较适宜的。

当方案设计进入深化设计阶段和制作完成阶段，推敲和确定设计形态可主要采用计算机制图的方式。因为当前计算机的技术已相当发达，它不仅修改方便，定位精确，而且可调用大量的图块，使得设计人员从大量的重复劳动中解脱出来。有的设计软件如Skechup、3DS Max能较真实地模拟三维效果，有助于设计师对设计的效果做出及时的判断。若要对方案的色彩设计进行比较，计算机的优势则更易体现出来。只要对模型材料库中相应的材料样本设置加以修改，另一种色彩或材质组合的设计效果在短时间内即可自动生成，这对于方案的调整和优化是非常方便的。当然，在此阶段计算机也不能完全代替徒手，因为计算机只能协助作图，原始的创意还得依靠设计者本人，而徒手作图激发人的形象思维是计算机技术无法取代的。所以，在设计深化阶段，徒手作图方法仍有用武之地。

第三节 室内方案设计主要图纸的具体要求

一、主要的设计图纸

方案阶段主要的设计图纸包括：平面图、立面图、顶面图、剖立面图和透视表现画等。

二、主要设计图纸绘制的深度要求

1.平面图

方案阶段的平面图应能完整表现所设计空间的平面布置全貌。图纸应包括的主要内容有：建筑平面的结构和隔断、门扇、家具布置、陈设布

置、灯具、绿化、地坪铺装设计等。并应注明建筑轴线和主要尺寸，标注地坪的标高，用文字说明不同的功能区域和主要的装修材料。并应标注清楚立面和剖面的索引符号。常用比例为1：100，1：50。

2.立面图

立面图应表达清楚立面设计的造型特点和装饰材料铺设的大小划分。并应表达出与该立面相临的家具、灯具、陈设和绿化设计等内容。对于具体的饰面材料应用文字加以标注，应注明轴线、轴线尺寸和立面高度的主要尺寸。常用比例为1：20，1：50。

3.顶面图

顶平面图表达的内容包括：建筑墙体结构、门和窗洞口的位置、顶面造型的变化、安装灯具的位置（大型灯具应画出基本造型的平面）、设备安装的情况等。设备主要指的是风口、烟感、喷淋、广播等内容。并应注明具体的标高变化，用文字标注顶面主要的饰面材料，注明轴线和尺寸。常用比例为1：100，1：50。

4.剖立面图

剖立面图宜于表达清楚室内空间形态变化较丰富的位置。除了应画清楚剖切方向立面设计的情况外，剖立面图还应将剖到的建筑与装修的断面形式表达出来，标注要求同立面图。常用比例为1：20，1：50。

5.透视表现画

与其他设计图纸相比较，室内透视表现画以透视三维的形式来表达设计内容，它是将比例尺度、空间关系、材料色彩、家具陈设、绿化等设计要素，设计师所欲创造的形式风格给综合地反映出来。它符合一般人看对象的视觉习惯，正因为如此，在实际的工程方案设计中，它常作为与业主交流和汇报方案的手段。在方案设计的进展过程中，室内透视表现画也作为方案效果研究的方法之一；在方案设计完成制作阶段，则室内透视表现画作为最后确认设计效果的方法，也是评价设计成果的重要依据。

对于方案完成阶段的表现画来说，画面所表现的重点应放在：一是选取较全面反映设计内容和特点的角度；二是正确地表现空间、界面、家具、陈设之间的比例尺度和色彩关系；三是将材料的不同质感及相互对比的效果反映出来；四是照明设计的气氛；最后一点是画面效果也能展示设计师在形式风格上的价值判断。

室内表现画的常用表达手段有两种：一是手绘形式；二是电脑绘图形式。手绘形式的特点是生动和易产生个性化；电脑表现画的特点是精确、细腻，能产生逼真的效果，方便进行角度的调整，也易进行各种复合的效果操作。

设计要有深度，但这个深度要通过表现画的形式给正确地反映出来，这个深度除了是设计所包含的信息外，绘画本身塑造形象的方法对于表现画深度的表现也是举足轻重的。在手绘表现方面常用的形式：一是以线条表现为主；二是以明暗方法为主。对于以线条为主要造型手段的形式，应注重线条本身的特点，线条疏密关系的主观控制；以明暗为主的表现形式，则将重点放在整个画面明暗构成关系的处理，注重界面由于受到不同的光照所形成的横向或纵向的明暗渐变，有时对于一些重点的界面，这种渐变可略作夸张表现，使整个画面效果更趋生动。对于电脑表现方面，首先应该明确电脑是人为控制的，要想在电脑表现方面取得令人满意的效果，也要有较强的手绘功底。有了扎实的美术基础，才能能动地运用软件去控制画面效果。具体地讲，对于追求逼真效果的电脑表现画，亦可采用手绘明暗控制画面效果的原则方法，在灯光设置和参数的调整时，有意识形成整体画面的明暗变化，并结合后期制作，再对画面进行二次调整，以形成生动的明暗和色彩效果。

无论是采用手绘的形式，还是电脑绘图的方式，画面效果形成的关键之处还是作者采用怎样的理念去控制。若对艺术的视觉心理没有深刻认识，手绘的方法同样会产生呆板的效果；若能充分展开形式联想，不局限于三维软件本身所固有的那么几种效果，运用图像复合的形式，电脑表现画同样能使人耳目一新。

室内透视表现画是整套设计图纸的重点，它从一个侧面反映了设计者的审美倾向，是整个设计表达环节中最易产生视觉冲击的一部分。从课程设计这一角度来看，它也是学生设计能力的佐证。

一套设计的图纸除了上述主要内容外，另外还包括文字说明、反映设计意向的分析图和图像照片资料等内容。为了使这些内容有一个整体形象，就得对这些内容在图纸上的位置进行安排并对版面进行设计。图纸版面的设计目的是为了突出此设计的设计内容和设计特点，也为了使呈现的内容更具条理性。所以，在进行图纸最后制作前，应对图纸的版面、图纸内容的构图、图面色调、字体的选用等内容进行一番精心的设计。图纸版面是整个设计的“包装”，它对于学生完善视觉设计经验，从整体上提高设计能力，也是一个有效的训练途径。

版面设计是设计整体表现的重要部分，它也许有助于使设计在评阅过程中脱颖而出；也许能吸引评判者瞬时抓住设计最为华彩的部分；也许能使观者对设计展开新的联想；也许它使人们体验到设计师追求的艺术境界。

CHAPTER 2

课程设计——民俗博物馆门厅与部分公共空间室内设计

第二章 课程设计——民俗博物馆门厅与部分公共空间室内设计

第一节 室内设计与建筑设计关系的再认识

一、室内设计与建筑设计的关系

1.合理的室内空间是评价建筑设计的重要因素

现在建筑师介绍方案时，常用“以人为本”作为设计的宗旨。谈谈容易，仔细审视方案，未必都能反映他们所追求的目标。但不管怎样，建筑设计是给人居住和使用的，而不是仅仅看上几眼，满足视觉上的愉悦。现代建筑的大师早就将合理的功能与空间设计作为设计的主要内容。赖特在说到他的建筑观时曾讲到，“就有机建筑而言，我的意思是指一种自内而外发展的建筑，它与其存在的条件相一致，而不是从外部形成的那种建筑。”可见，他认为建筑形态的形成是通过由内到外的思维模式。标榜建筑是“居住的机器”的功能主义者，对功能与空间关系的合理性的推崇更是推向了极致。无论设计艺术的理念属于什么派别，对于空间和功能合理关系的追寻是建筑师的职责。因为建筑区别与其他艺术的标志之一是它的使用属性。有了不同类型的功能，就有不同类型的建筑；有不同类型的建筑，就能适应人类所要的不同类型的功能。

虽然路易·康称：“一座建筑应该有好的空间，也有坏的空间。”但笔者认为，这里所称的坏空间决不是空间干扰或者影响了内部空间的合理使用。他所指的是为了满足人的精神上对空间的期望，以部分次要的、无关轻重的空间衬托主体空间的特点。对于建筑，外在形式是吸引你去关注它，看它与环境的关系如何，而真正的评价是空间体验过程。体验即是看空间是否满足你的居住和使用要求；是否能使你的精神得到某种意义上的享受；是否能给你带来某种意外的想象空间，再由内而外地综合，得出一个结论和评价。这也就是说对建筑的评价不能沿用一般对绘画和雕塑那种瞬间的纯感性评价的方法。

我们在此分析一个实例，以加深对上述观念的认识。

由James Lngo Freed设计的美国大屠杀纪念博物馆坐落于华盛顿。它的两个出入口分别位于十四和十五大街。在十四大街的出入口是主出入口，主要共参观人员使用。人们从大街经过围廊到达小院，再由此进入门厅（图2—1）。这是个由阳光到阴影的过程，在心理上能产生一种敬畏、肃穆的感受。这种气氛在博物馆的整个参观过程中不时地能体验到。进入大厅后，天光经结构构件阻挡形成的阴影使得内部立面呈分裂的状态，立面中的细部符号和灯光的设计使人感受到集中营的苦难印记久久不能抹去。整个博物馆主要分为参观区和管理区两大部分。参观区主要包括：永久展区、另时展区、教育中心、纪念堂、剧院、影像室、纪念塔、书店和交通空间等；管理区包括：管理办公、图书档案、会议室等。主楼梯和三部电梯将观众区很好地联系成一个

图2-1 华盛顿大屠杀纪念博物馆入口

图2-2 华盛顿大屠杀纪念博物馆主展厅室内

图2-3 华盛顿大屠杀纪念博物馆局部鸟瞰

有机整体。而设于顶层的管理区有独立的交通体系。因此，内部功能分区和运作非常清楚。作为主展厅的见证厅总的高度越三个楼层面，内设一个楼梯，暗示着观众的参观流线。楼梯代表着空间的流动，在整个建筑中居主导位置（图2–2）。

内部的柱廊和墙体使得展区的布局关系清晰并形成空间的节奏感，既生动变化，又有不同的对景效果。从四层的永久展区通过玻璃长廊至纪念塔，你能见到主展厅的整个玻璃顶和架于其之上的服务于五层管理区的三个天桥（图2–3）。这里的三个元素——大展厅的玻璃顶、四层的长廊、五层的长廊——形成空间的紧张关系。特别是大展厅的两坡结构在与四层长廊相交处的结构暴露更强化了这种感觉（图2–4）。同时，雕刻有死难者和被毁城市名字的玻璃在阳光下形成的光影效果把这种悲愤的气氛推向了高潮。

从这个实例中，我们可以把合理的空间特征主要归纳为以下几点：

图2-4 华盛顿大屠杀纪念博物馆四层的玻璃长廊

（1）空间序列符合功能的逻辑关系。即设计的空间布局应能适应人的活动顺序，并在一定程度有一定的可变性。

（2）合理的面积分配。空间的大小应能符合人的活动要求。过大造成浪费，不足同样也不能满足使用要求。

（3）合理的开口位置。要进入空间，就必须有出入口。这个出入口位置一是取决于它与走廊的关系；二是要考虑如何使用内部空间。若其位置不当，则会形成内部空间不能经济和高效地使用。

（4）充分利用自然条件。就是要考虑自然的通风和光照。自然光不仅仅是光照的作用，从上述例子可以发现它还有形成一定的室内氛围的作用，有导向的作用，这在室内空间的布局时，就应慎重考虑。

（5）正确引导人的活动。充分理解不同空间对人活动的暗示作用。利用空间的〝收放〞变化和形态本身的方向性和性格特征，使之和人的活动相吻合。

影响建筑设计的因素有外界的环境，也有内部使用功能的要求。因此，设计的过程是一个由外到内，再由内到外的不断反复整合的过程。如文丘里在《建筑的复杂性和矛盾性》里所述：〝建筑是在实用与空间的内力与外力相遇处产生的。这种内部的力外部环境的力，是一般的同时又是特殊的，是自己发生同时又是由周围状况规定的。〞

2.合理的建筑设计是室内设计顺利进行的先决条件

在室内设计的诸多因素中，空间因素处于首要位置。因为内部功能的深化布置依赖于空间；设计形式的其他元素的组合也依托于空间。若建筑设计对于此部分内容作了合理的处理，那么，接下去的问题就容易找到答案了。

这里所说的合理的建筑设计是室内设计顺利进行的先决条件，就是指合理的建筑设计提供了一个顺利进行室内设计的平台，如合理的空间关系、自然的光影效果以及部分的立面效果。试想，若建筑设计的上述内容不尽合理，则必然影响室内设计的顺利进行和某些效果的产生。如建筑开窗的位置不合适，就对平面布置产生很大的干扰；在建筑立面上的开口不仅是日照的需要，还能形成对景，如室内设计师希望有对景的地方，但建筑设计所提供的开口位置不当或者根本没有考虑，那么，设计师可采用的设计语言就会受到束缚。

对于一些新建的建筑，外在的个性往往与其室内设计的特征有相一致的特点。以OMA在葡萄牙城市波尔图（porto）设计的音乐厅为例。建筑由似刀切削的多边形构成，似一颗宝石镶嵌在城市广场的一角（图2–5），外立面以素混凝土为主，以体现音乐的纯粹之美。

室内设计从入口门厅、主楼

图2–5 葡萄牙波尔图(Porto)的CASA DA MUSICA的外景

图2–7 CASA DA MUSICA的主楼梯

图2–6 CASA DA MUSICA的门厅

图2–8 CASA DA MUSICA的酒吧区

梯、酒吧到其他公共空间（图2–6～2–8），其内部形态的特征与外部形式保持了高度的一致性，使观众产生了表里一致所给予的心灵震撼。在这个实例里，笔者认为建筑设计与室内设计没有明确的界线，建筑设计包含了部分的室内设计，室内设计补充了建筑设计。

对于一个新建筑，建筑师有责任把业主的要求和室内设计完美地结合起来；对于一个老建筑的室内设计，设计的构思和创意必然要受原建筑的制约。

二、课程设计作业中的几个相关问题

1.入口门厅等的公共空间室内设计应是建筑设计风格的延续和发展

门厅作为进入建筑的第一空间，将它的设计风格定为建筑设计风格的延续是基于两个方面来考虑的：首先为了吸引人流的进入。门厅一般都比较通透和开放，风格采用延续的理念，是为了与外立面形成整体形象。其二，建筑周围是环境，环境中还包括其他许多建筑。人们的思维印象中也贮存着大量建筑的形象。一个建筑区别于它建筑主要不在于其包含多少变化，而是依赖于其个性和纯粹性，将门厅的形式风格延续建筑设计风格就是设计个性化追求的具体体现方式之一。

建筑的实体周围的空间，如门厅等的公共空间，其空间周围是界面，一个是表，一个是里。表里有别，因为作用和功能是相异的。在坚持“延续”的设计理念之下，也要注重“发展”。就是要使人在进入门厅之后，感到设计的形式在大致格调统一的前提下有多变化，产生新的视觉兴奋点，有一定的对比因素，不至于使人产生单调乏味、不过如此的印象。

门厅等公共空间的室内设计延续建筑设计的风格，具体手法可概括为以下几点：

(1)形态的延续。即室内空间形态的设计理念延续建筑设计的设计理念。

(2)材料选择的延续。用建筑外立面的相同或者相似的材料，或者能产生对比关系的材料作为室内界面饰面的材料选择。

(3)细部设计的延续。即室内细部设计的风格和建筑外立面的细部风格相统一。

(4)色彩上的协调。协调需要统一和对比。统一是为了延续某种色调，对比是为突出相应色彩的存在。

由扎赫·哈迪德设计的坐落于美国辛辛那提市的当代艺术中心（图2–9），入口门厅做得相当透明，室内与户外环境相互渗透融会。引人注目的是通向二层的斜坡和由地面慢慢卷起的侧墙（图2–10）。这个卷起的侧墙一直延伸到建筑的顶部，成为衬托不同层面斜坡的布置，并将它们整

图2–9 扎赫·哈迪德设计的“当代艺术中心”

图2–10 扎赫·哈迪德设计的“当代艺术中心”门厅

合统一在一起（图2–11）。这里有机的和不规则的形态构成方法与此建筑的外部立面设计的构成方法是一脉相承的；色彩上也撷取了外立面的色彩构成；在材料的选择上，哈迪德对地面、柱子、卷墙仍然延续对外立面材料的选择——素混凝土。使得整个门厅大堂及内部公共部分的室内设计与建筑设计的风格取得非常协调的整体感。

对于绝大多数欲突出建筑整体效果的，对门厅及公共部分采用是建筑设计形式的“延续”和“发展”的设计理念是较适宜的。当今，在对于有些旧建筑的改建中，设计师往往采用“发展”为主和“延续”为辅的策略。因为老建筑有它特有的历史价值，是城市的文脉，它的形象已同整个城市形象紧密地联系在一起。但它的内部设施与新的业主要求经常会产生矛盾，在这种情况下，有的设计师在尊重老建筑原有风貌的前提下，大胆运用对比元素，采用当代时尚的设计材料，使人在新旧对比中体验到一种新的形式组合，这在欧美地区及我国内地已有较多的成功实例。总之，针对入口门厅等公共空间的室内设计，在形式上采用“延续”和“发展”应把握一个“度”，这是创意的最初出发点，这是为了明确设计的思考方向，结果就易使室内设计与建筑建设形成有机的整体关系。

2.主要设计元素

明确设计元素是什么和起何作用有助于室内设计空间形态设计和环境平面布局。建筑设计过程中对室内空间的想象也是非常有必要的。

（1）墙：起空间围合作用。决定大的空间形态，如有玻璃部分，则应注意对景处理。

（2）柱：结构的作用。但在设计心理上，它还表现为一种空间限定作用。成排的列柱还有导向作用。柱的位置直接影响平面的功能细化和空间的丰富性，这在建筑设计中必须慎重对待。

（3）吊顶：对于顶面的不同处理，表现着不同的设计理念。如暴露管线不做顶的方式表现为“高技”的风格。因此，做不做吊顶和采用何种形式对设计风格影响甚大。吊顶的高低错落或者倾斜对于引导人的行为有一定的作用，对于不同空间的限定同样有较强的心理暗示作用。

（4）地坪：地坪局部的变化意味着不同的空间限定。如高差变化和局部的几何形变化。这种手法必须与整个平面的设计相对应，以引导人的行为。

（5）挑廊：指建筑上部出挑的走廊部分。它既是交通空间，本身又是一种造型形态，对于丰富内立面效果有一定作用，也增添了空间中不同楼层面人的视线的交汇机会，促成空间动态效果的产生。对出挑部分下面的空间也有限定作用。

（6）天桥：起贯穿建筑不同部分的作用。在空间限定上，它区分了上、下、前、后的空间，使空间形成了不同的进深效果。对于空间节奏的形成有一定的作用；对于体现空间的趣味性同样也有作用。

（7）灯具：照明作用。几何形态的灯具布置有限定空间的作用。下垂方式更是一种积极的状态。在布置上应与照射的对象取得对应关系。灯具形态和风格对设计风格的形成也有一定的作用。

（8）色彩：作用于室内气氛的形成。将不同元素用同一种色彩进行处理，或者同一元素用不同色彩来表现，如地坪、墙面和家具都用白色来装饰，给予人整合的效果；三个室内墙面的一面墙的色彩发生了变化，产生了“分解”的形式效果。这种“整合”和“分解”的效果会改变设计形式元素的视觉知觉的秩序，会对形式的体验产生重大影响，也是设计形式处理的重要手法之一。

3.空间完整和非完整性的效果分析

在室内设计的空间形态处理上，可以将形态一致分为完整和非完整两种表现形式。这里所述的“完整”是指完整形的空间处理。这种完整的空间一般常与规则的几何形和对称的平面布局相关，规则的几何形包括圆、方或长宽比较接近的矩形和正多边形等形状。它们具有简单明确的几何特征，在空间中有围合感，并在视觉上得到一定程度的圆满感。完整的空间处理给予人们是稳定的心理提示，似

图2－12 某公共建筑室内设计

乎提示动态中的停顿和休息。"非完整"是指那些几何特征不明确的形体或看似不规则的形态。它的心理提示则是动态的。"静"与"动"形式对比，引导人的行为。它不仅使空间丰富和变化，也强调了"停顿"的意义和场所感。"完整"空间往往表现为行为的"停顿"；"非完整"空间则常处于流动状态。

当设计师开始工作时，可先对功能所要求的"动"与"静"的空间进行分析，明确其中必须强调的空间是哪个部分，然后就可对其中不同的部分赋予不同的空间形态，并辅以不同程度的对景处理，形成"完整"和"非完整"的空间对比关系。图2－12中的地坪图案几何特征非常明确，它暗示动态空间中的停顿，使得空间的节奏显现出来。这时的主从关系非常清晰。在室内设计中，为了达到这种

图2－11 扎赫·哈迪德设计的"当代艺术中心"四层交通空间

图2-13 某办公建筑门厅室内设计

图2-14 某办公建筑室内设计

图2-15 某办公建筑室内设计

"完整性"，可以在顶棚的处理上加以呼应，包括灯具的处理。图2-13就是这种处理手法。矩形的地坪图案使得空间变得有序了，试想没有这图案会是怎样的效果？家具的几何布置，以及界面中的对景处理，显然使"完整性"部分更加突现，形成视觉空间的一个稳定的高潮。这就是一种秩序空间设计的方法（图2-14～2-16）。

图2-16 某办公建筑公共部分室内设计

第二节 民俗博物馆门厅与部分公共空间室内设计任务书

一、教学要求和目的

建筑的外在形式和内部空间是互为依存的。外在形式的设计依据一方面来自于外部的空间环境，另一方面也受制于内部空间。内部空间的设计也是有条件的，这主要是看其是否符合使用上的要求。但是，仅有合理的内部空间还是不够的，因为人是需要被感动的，所以内部空间还要给予人以创造性和感染力。从设计步骤上看，似乎建筑设计和室内设计是两个阶段，但从建筑设计整体角度来考虑，内部空间的一些设计元素有赖于合理的建筑设计。室内设计也可理解为是建筑设计的深化。它是以建筑设计为基础，进一步研究空间与人的行为关系，提出更细的空间设计。

本课程的建筑方案取自于三年级民俗博物馆的课程设计，其用意是让学生从内部空间的合理性、创造性的角度来审视原方案设计，并通过内部空间的创造调整原建筑设计，并完成室内设计，具体教学目的可归纳为：

1.进一步强调对外部空间和内部空间相互关系的认识。

2.掌握一般博物馆室内设计及相关的公共建筑室内设计元素的运用。

3.学习室内设计的设计方法和设计表现手段。

二、设计任务

1.对不尽合理的原设计进行平面和空间形态上的调整设计。

2.以观众人流活动为主的公共区域，如门厅、多功能活动场所等空间进行室内设计。总设计面积不小于300平方米，具体内容可包括服务咨询信息台、休息等候区、咖啡休闲区等，也可结合部分开放的展厅、庭院以及展品进行设计，并可结合每人各自的创意，增加设计内容。

三、成果要求

所有图纸均绘制在720×500毫米硬质纸上，数量不少于3张。

1.建筑一层平面1：200。

2.室内设计相关平面1：50（要求表达地坪材料）。

3.室内设计相关顶棚平面1：50。

4.建筑外立面1：200。

5.室内设计相关立面1：30。

6.剖面1：30。

7.详图两张以上1：5 或1：2。

8.模型1：100。

9.室内设计效果图或轴测表现图（彩色）两张以上。

10.表达设计意图的分析图和相关文字说明。

四、进度安排(见表2-1)

五、教学参考书目

1.《室内设计资料集》张倚曼、郑曙阳 主编 中国建工出版社。

2.《Architect 3—Twentieth Century Museums Ⅱ》Phaidon Press Limited 1999.

3.《New Offices》 Edited by Cristina Montes Harper Design International and Loft Publications 2003.

4.《建筑照明设计标准》中国建工出版社。

表2-1

	一	四
一	选题	讲课
二	建筑调整	模型
三	方案交流	讲课（原理）
四	方案设计	方案设计
五	交草图	深化方案（细部）
六	方案调整（材料、家具）	正草
七	讲评	绘制正图
八	绘制正图	交图

第三节 设计作业点评

1.墙体、楼梯、顶面折板和玻璃是形成这个空间的主要造型元素。尤其是顶面的折板设计，由入口处上部起始到资料阅览室的侧面，再下倾和上翘，一直延伸至主楼梯的上部，其构成了整个空间形态的主体部分，虽然在平面布置上，入口大厅两个楼梯的主次关系上有点模糊不清，但顶面的折板设计多少弥补了这方面的不足。在细部设计方面，如主楼梯旁的墙体与地坪、顶面的衔接处理，铺地与空间限定关系的处理，说明作者对于设计的细节问题能进行深入和细致的思考。在材料的选择方面，也对设计的主题——表现民俗作了一定的回应（图2–17～2–22）。

图2–17 民俗博物馆门厅与部分公共空间室内设计之一 作者：朱海琴

UPS AND DOWNS

茂名北路吴江路民俗博物馆公共区域室内设计

设计者：建筑五班 朱海琴 / 指导老师：阮忠

光　石库门里弄之光的体验再现：

强调纵向实墙的封闭，横向玻璃的通透；
沿实墙设线形玻璃天窗，引入室外光。

实体　再现石库门的千回百转：

上上下下、折曲、正负交替的空间体验；
实墙、折板吊顶、楼梯的对话。

材料　追求浑然天成的强烈效果：

地面、折板吊顶、楼梯材质的统一；
实墙内外两侧材质的统一。

墙　现代语言再现传统元素：

有色差并凹进凸出灰白色砖砌墙；
打开窗洞，加强墙两侧对话，用窗套强调窗洞；
实墙上下两端顶与地面的强调处理，
追求向天空与大地的延伸。

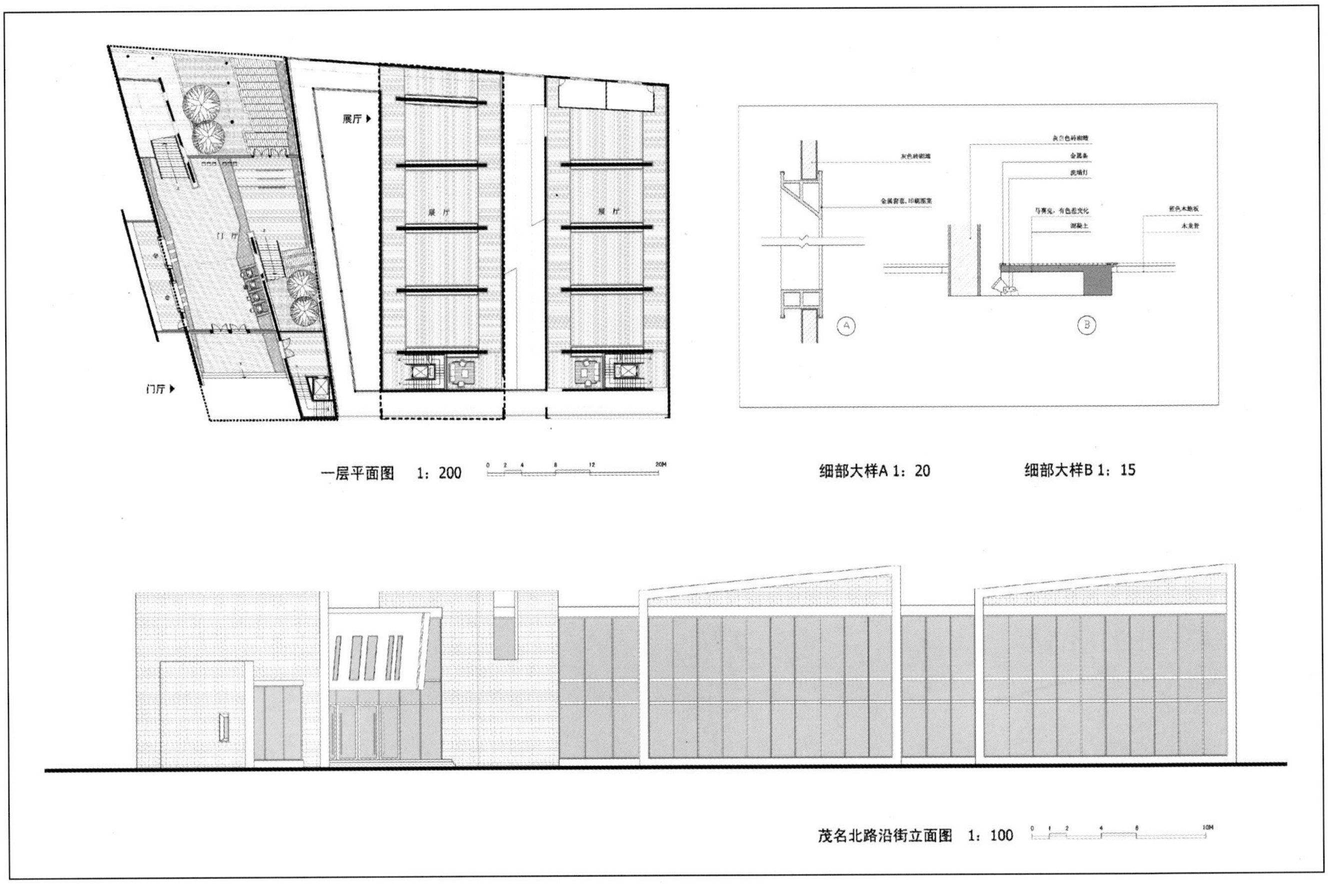
展厅
门厅
展厅
展厅
一层平面图 1：200
细部大样A 1：20
细部大样B 1：15
茂名北路沿街立面图 1：100
图2–18 民俗博物馆门厅与部分公共空间室内设计之一 作者：朱海琴

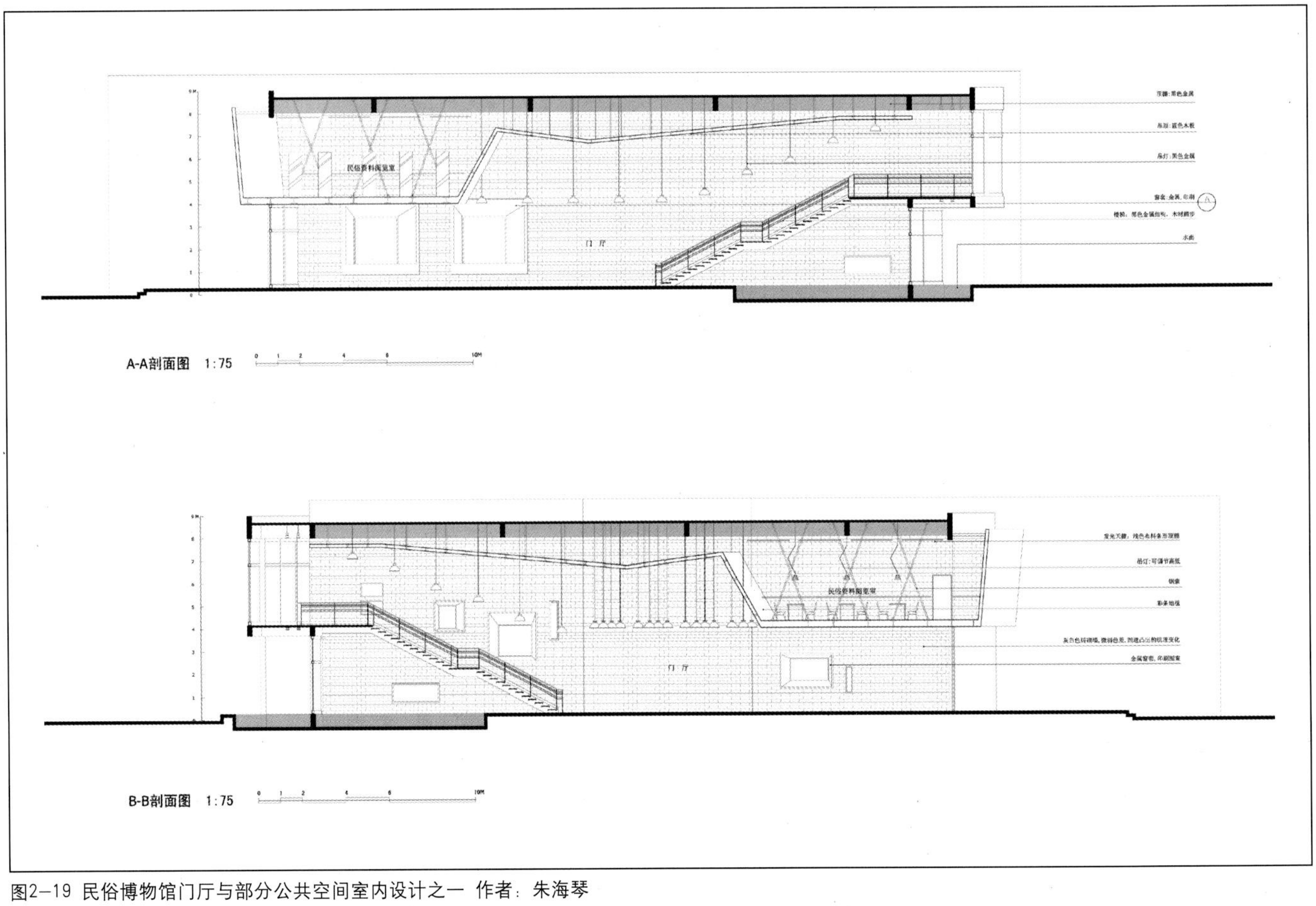
民俗资料阅览室
门厅
A-A剖面图 1:75
民俗资料阅览室
门厅
B-B剖面图 1:75
图2–19 民俗博物馆门厅与部分公共空间室内设计之一 作者：朱海琴

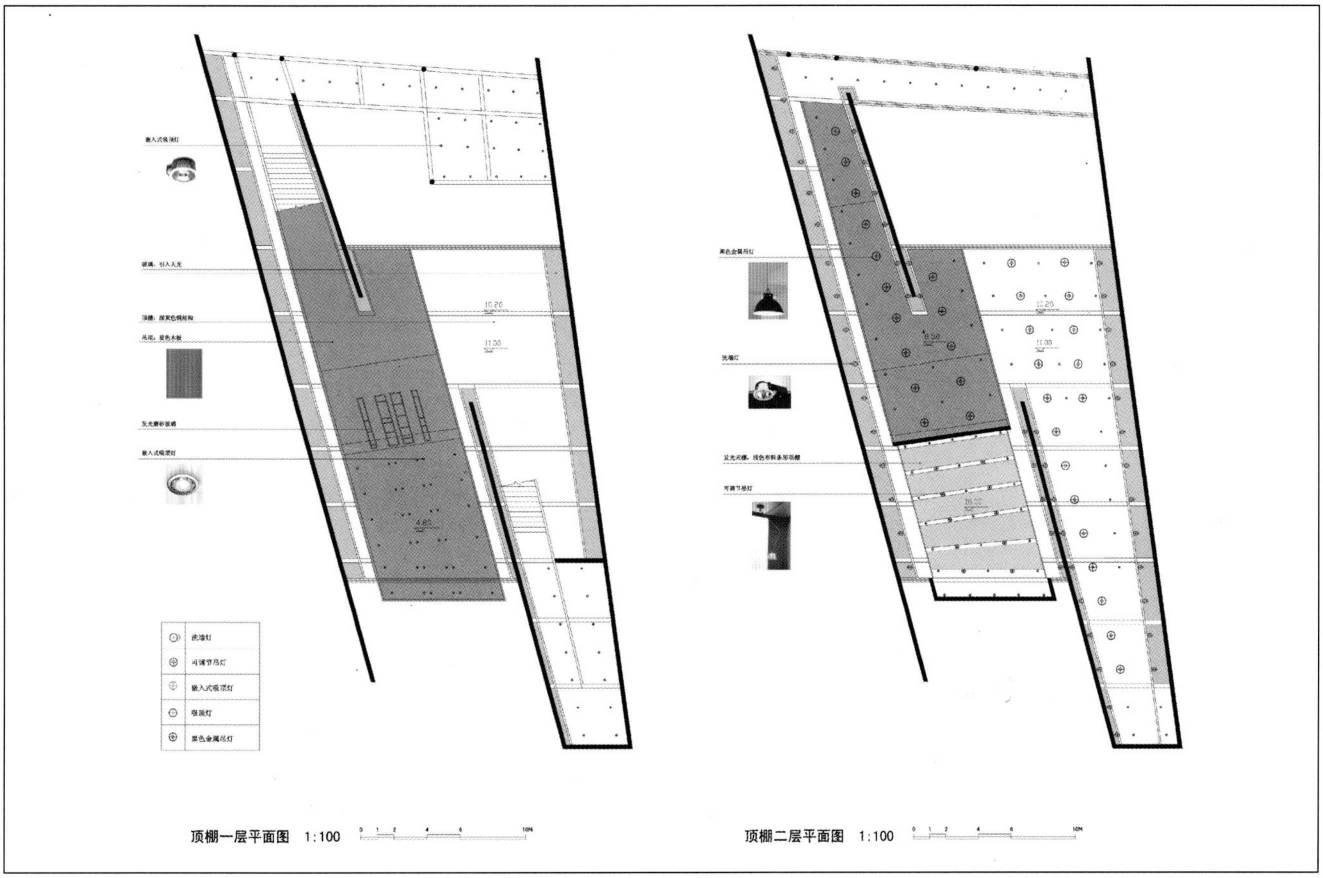

顶棚一层平面图 1:100

顶棚二层平面图 1:100

图2-20 民俗博物馆门厅与部分公共空间室内设计之一 作者：朱海琴

一层平面图 1:100

二层平面图 1:100

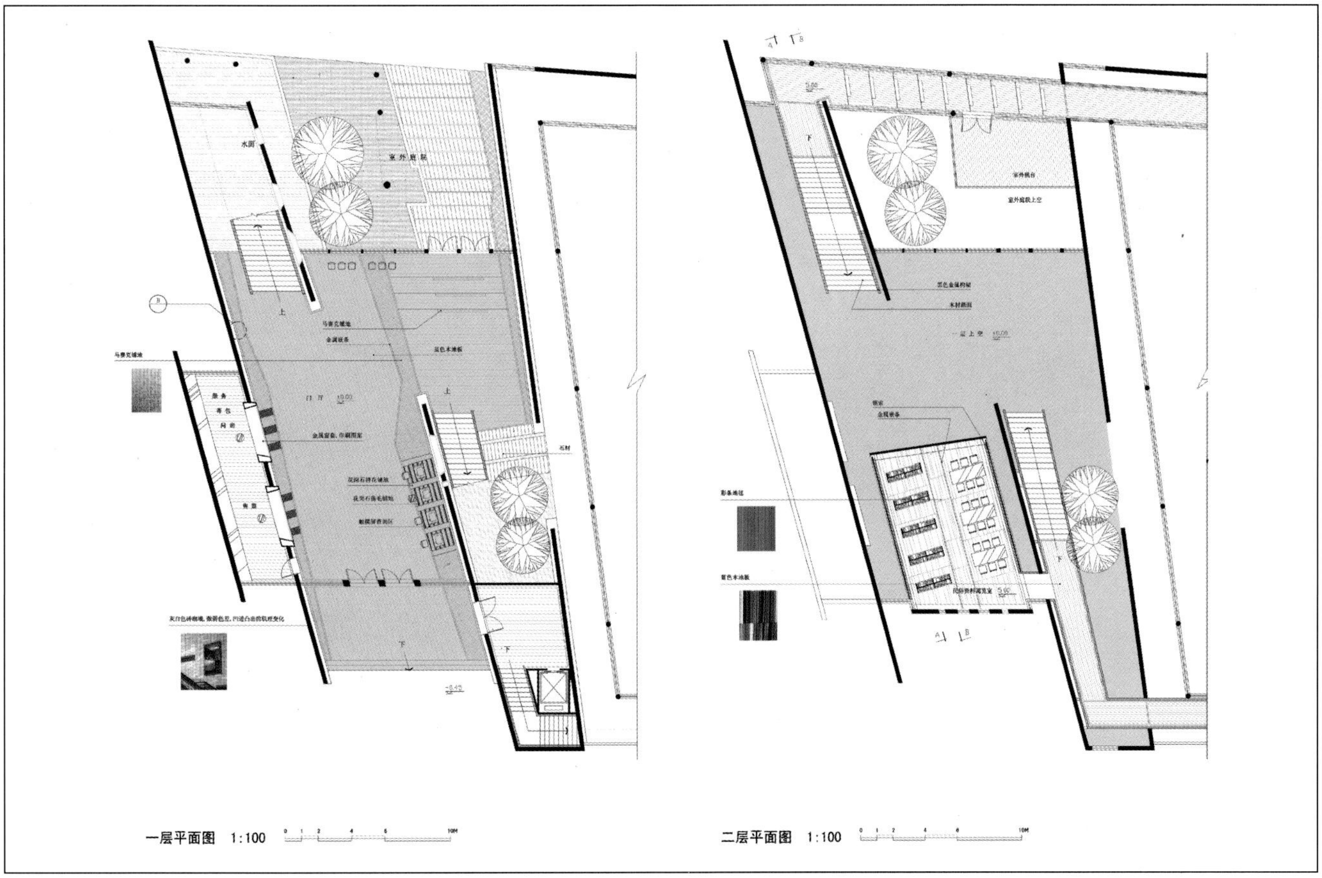

图2-21 民俗博物馆门厅与部分公共空间室内设计之一 作者：朱海琴

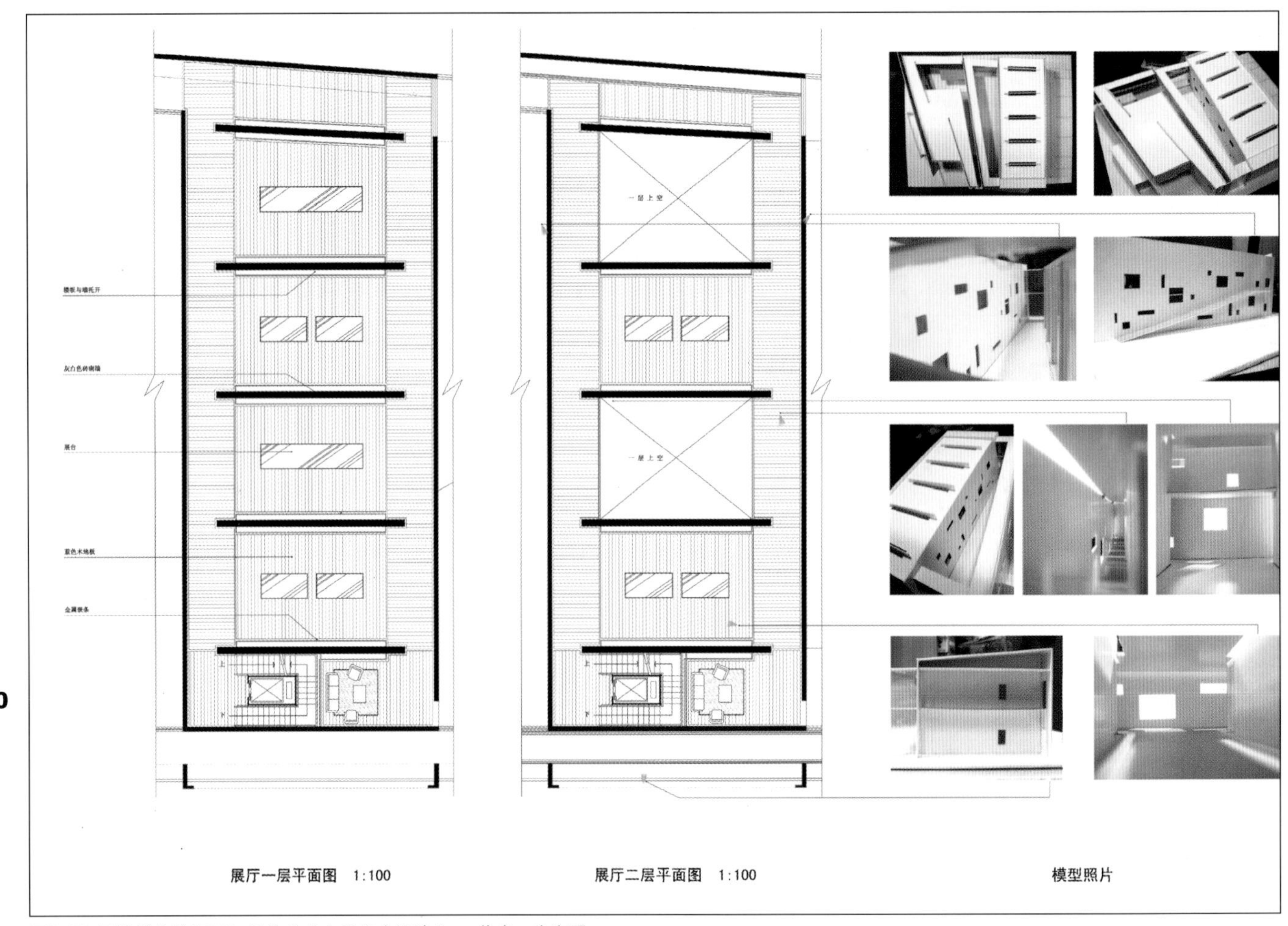

图2-22 民俗博物馆门厅与部分公共空间室内设计之一 作者：朱海琴

2.作者将现代感、场景化、市井生活作为设计必须的立足点。对于民俗博物馆的参观对象和流线组织及可能存在的人的行为方式作了一定的分析，并以此为依据，在细部设计和家具设计上作了有益的尝试（图2-23～2-26）。

图2-23 民俗博物馆门厅与部分公共空间室内设计之二 作者：刘林

图2-24 民俗博物馆门厅与部分公共空间室内设计之二 作者：刘林

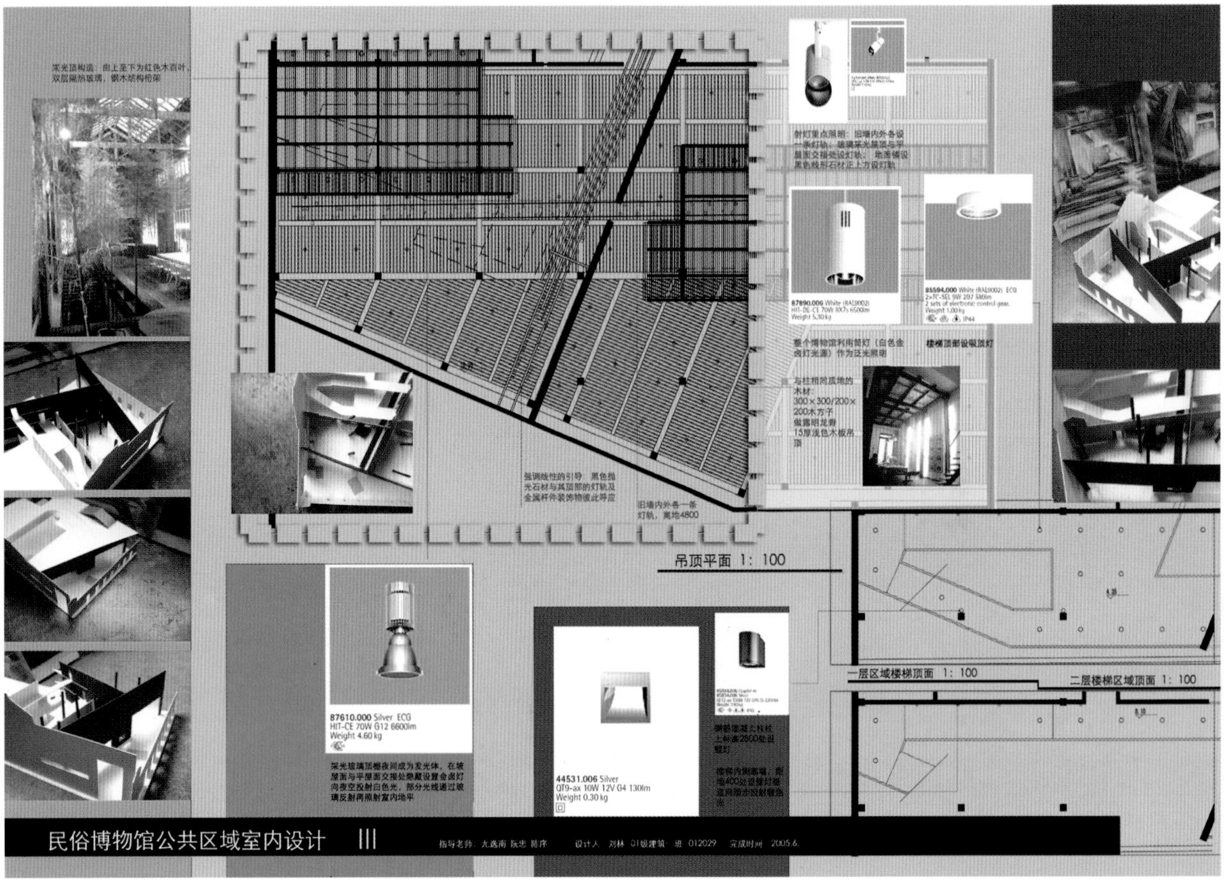

图2–25 民俗博物馆门厅与部分公共空间室内设计之二 作者：刘林

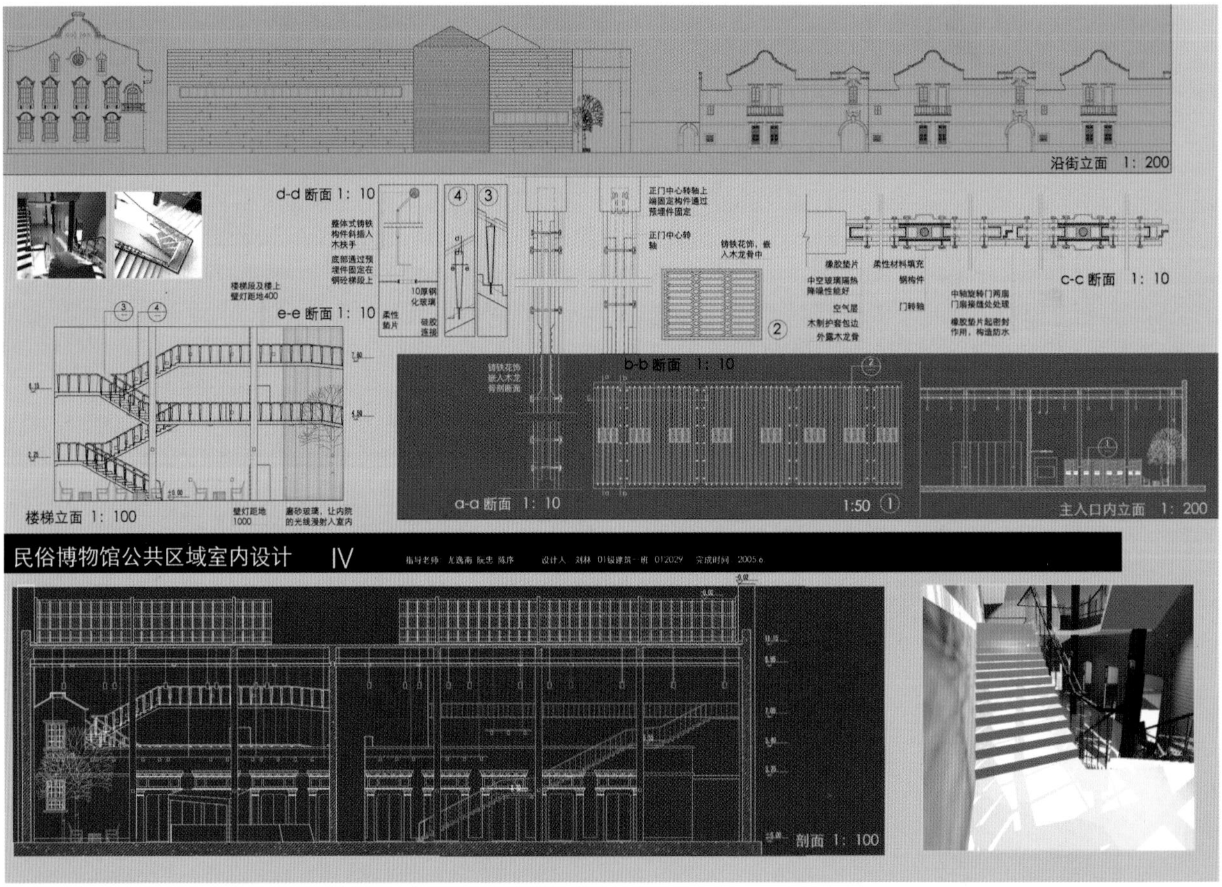

图2–26 民俗博物馆门厅与部分公共空间室内设计之二 作者：刘林

图2—27 民俗博物馆门厅与部分公共空间室内设计之三 作者：孙慧芳

3.博物馆不仅仅就是起收藏、研究和展示的作用，它应该能对该地区环境的质量和居民生活的品质带来积极的影响，此设计将博物馆的主体和对社会开放的部分分开，就是着眼于将博物馆成为社区公共活动的场所，有利于提升作为文化消费的博物馆的活力和商业上运作的可能性。门厅的设计符号取自于上海里弄建筑，并用现代设计的手法进行诠释。因此，整体的空间处理和细部设计与建筑周边环境有较好的协调关系，强化了设计的地域特征（图2—27～2—31）。

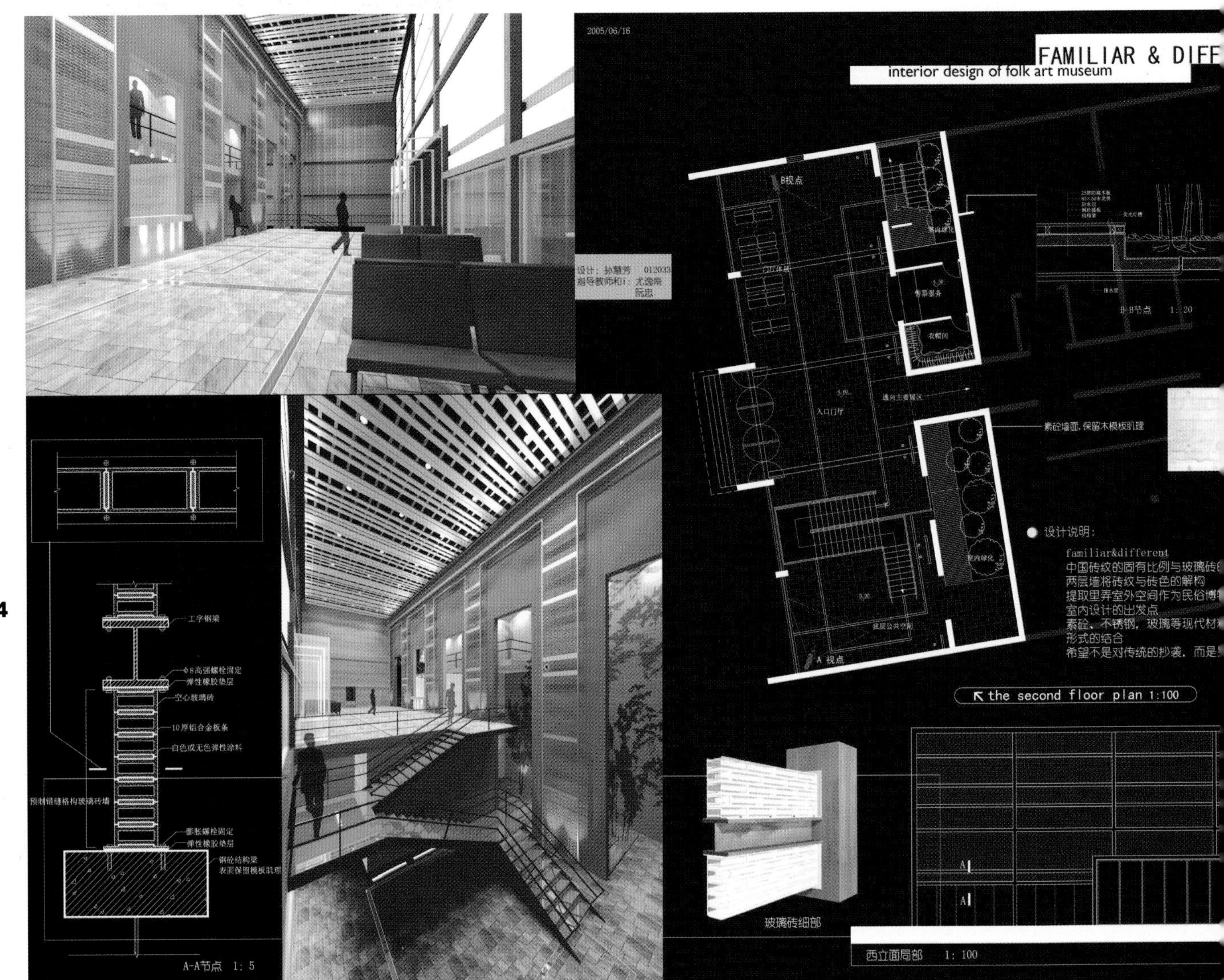

图2-28 民俗博物馆门厅与部分公共空间室内设计之三 作者：孙慧芳

图2-29 民俗博物馆门厅与部分公共空间室内设计之三
作者：孙慧芳

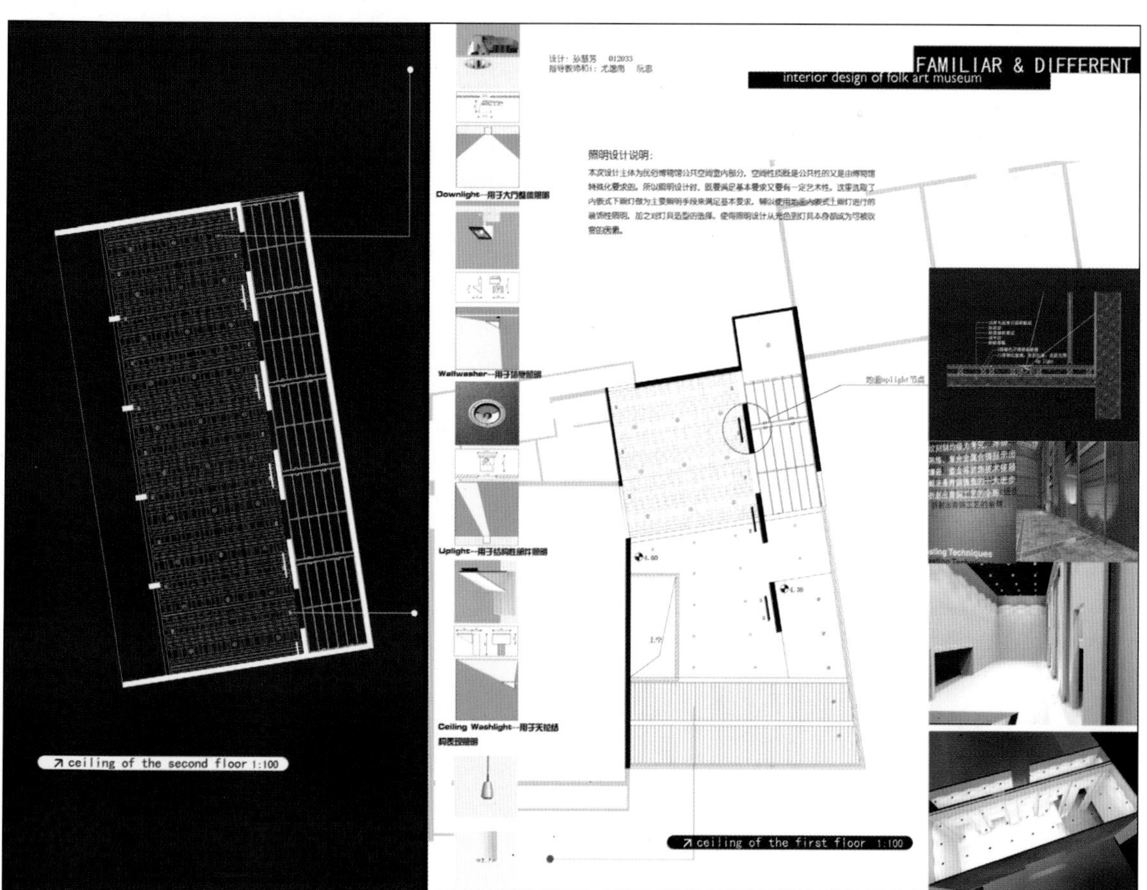

图2-30 民俗博物馆门厅与部分公共空间室内设计之三
作者：孙慧芳

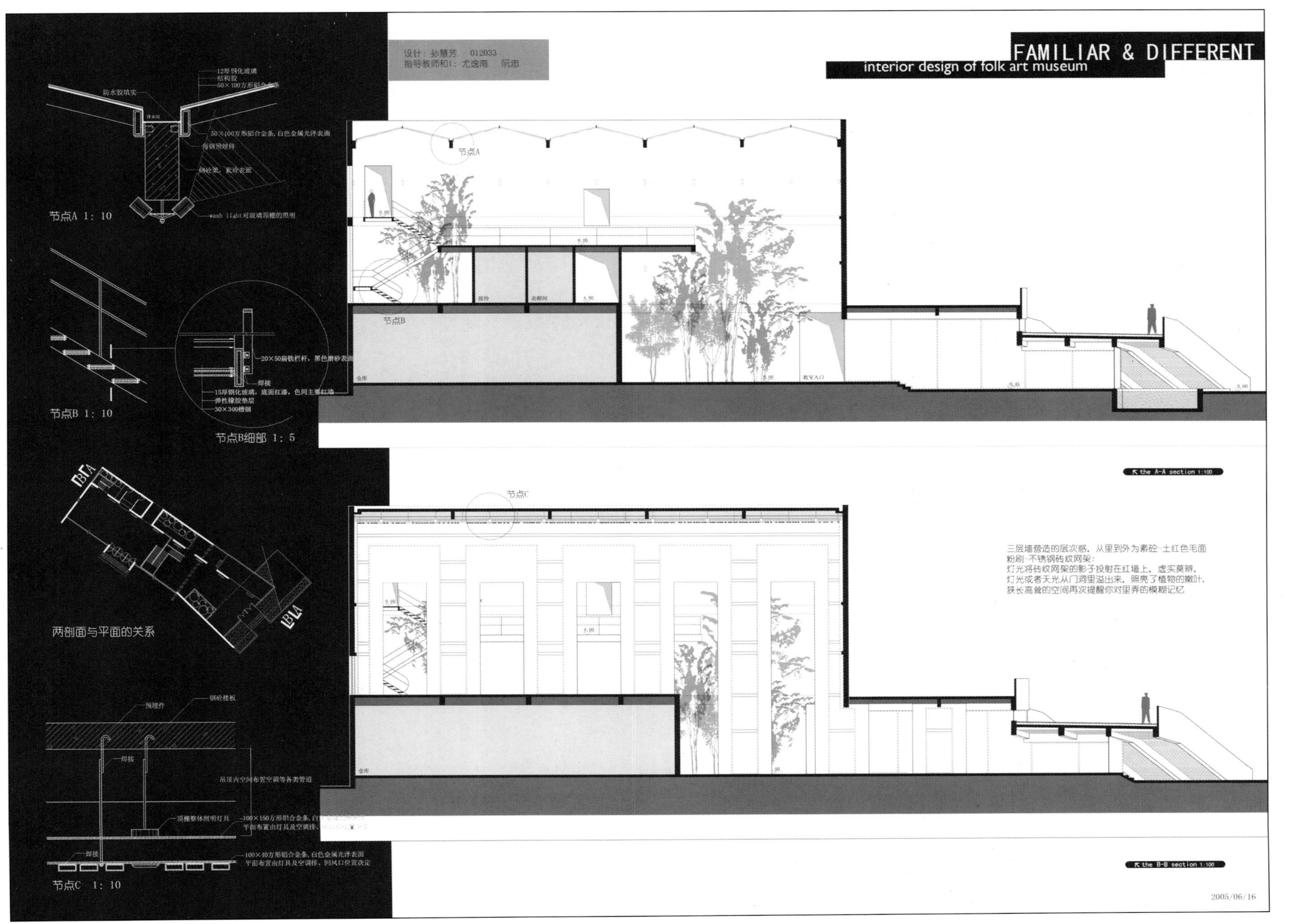

图2-31 民俗博物馆门厅与部分公共空间室内设计之三 作者：孙慧芳

中国高等院校
THE CHINESE UNIVERSITY
21世纪高等院校艺术设计专业教材
建筑·环境艺术设计教学实录

CHAPTER 3

课程设计——名家风范

近现代建筑与室内设计风格
名家风范作业任务书
设计作业点评

第三章 课程设计——名家风范

第一节 近现代建筑与室内设计风格

一、概述

诗经中说："他山之石，可以攻玉……"作为一名刚入门的学生，对各种风格、流派以及大师的作品进行分析，是研究建筑，学习设计的有效方法之一，这也是我们开设此课程的原因。对于什么是建筑，如何设计建筑，不同的设计者在不同的时期都会有不同的理解。面对同样的任务书，同样的设计条件，不同的建筑师也会得出不同的方案。设计师总是从空间、环境、技术、文化等方面入手或构思，但不同的建筑大师对建筑形态、材料、细部、符号的处理和运用都有各自不同的见解。而建筑发展的历史也是建筑师认识不断深入和创新的过程，而在这一过程中，建筑大师们扮演了重要的角色，对建筑的发展起到了推波助澜的作用。大师也如同明星一样，有着自己的追随者，同时，学生也会有自己仰慕的大师，这个作业也是想通过同学去阅读大师，了解大师的历史、文化背景以及成长道路，对作品进行分析、比较、提炼。从而最终的目的是运用到自己的设计中，模仿大师的手法完成一个设计。而不是仅仅停留在分析的基础之上。再有一点需要说明的是，尽管我们的专业是室内设计，但鉴于室内和建筑已密不可分的现代，以及建筑大师大多会涉及到内部空间，有的建筑大师不但涉及室内空间，还会深入到家具设计，甚至一些产品设计。如芬兰建筑大师阿尔托，所以学生可供选择的大师范围可以从早期现代主义建筑大师一直到当今如雨后春笋般涌现的有极强个性的大师。而为了给同学

图3-2 萨伏伊别墅

图3-3 杜根哈特别墅

一些启示，我想从建筑历史和风格流派的角度对大师们作一个简要介绍。就算这样，也是不能网络所有的设计大师的，同学在选择大师时，可选我在下面提到的，也可以选择我未能提到的。

二、现代主义运动时期的建筑与室内设计

19世纪中叶，随着工业革命的全力进行以及建筑材料——如玻璃、铸铁以及后来的钢材和钢筋混凝土，在质量、尺寸、价格等可利用性方面的加强，要求代表新时代的建筑作品的呼声也越来越高。伦敦水晶宫和巴黎埃菲尔铁塔就是这样应运而生的，尽管它们是工程师而不是建筑师的作品。而现代化建筑的产生除了技术层面的原因之外，还有着艺术和文化方面的原因。20世纪初，在欧洲和美国相继出现了艺术领域的变革，它完全彻底地改变了视觉艺术的内容和形式，出现了诸如立体主义、构成主义、未来主义和超现实主义等一些富有个性的艺术风格。在技术条件以及文化艺术方面的双重影响下，现代主义建筑随之发生。同时现代主义也成为室内设计的主流。

尽管在现代主义的旗帜下，集结了不同流派、不同创作倾向，但依然可见其风格方面的共性，即在纷繁的形态中，蕴涵着对功能和空间本质的追求。现代主义建筑强调建筑的使用功能，这种对建筑本质的认识是没有先例的，是人类建筑史上的里程碑。它把建筑形态要素间的关系简化为功能间的关系，讲求“形式追随功能”。体现对学院式形式主义和古典主义的反叛，使现代建筑更好地适应了人的生活要求，更重要的是它强调使用者本身的重要性。

图3–4 结核病疗养院

图3–1 包豪斯校舍

图3–5 结核病疗养院室内

1.国际风格

在1932年纽约举行的现代艺术博览上，一批命名为“国际风格”的作品有：格罗皮乌斯设计的包豪斯校舍（图3–1），柯布西耶的萨伏伊别墅（图3–2），密斯的杜根哈特别墅

（图3—3），阿尔瓦·阿尔托设计的结核病疗养院（图3—4、3—5）。这些建筑大多数使用网格状的柱子支撑楼板，空间由独立方式的隔断进行分割，建筑外观简洁，大的孔洞、门窗可以开在任意的位置，通过使用玻璃或者连续的水平孔洞来强调建筑与结构之间的彻底分离。国际风格是机器时代世界语言的代表，这个时期的建筑师逐渐摆脱了传统的建筑风格。

2.表现主义

虽然现代主义建筑的思想曾一度占据统治地位，便随着建筑设计的发展，对它的批评和挑战也随之而来。首先是表现主义。在第一次世界大战前后，表现主义运动在德国和荷兰处于活跃状态，门德尔松设计的爱因斯坦天文台就是其中最著名的成就之一。表现主义作品具有粗糙的或者曲线的特点，还经常被描述成“反理性的”，同时也表明这种形式具有表现情感特殊状态的能力，并常常夸张。爱因斯坦天文台，好像是从风景中长出来的一样（图3—6）。建筑物本身处在一种运动之中，尽管由于经济原因，原本在设计中的钢筋混凝土不得不大面积使用抹灰的砖砌体进行代替，但它依然表现出了独特的建筑形象。

3.阿尔瓦·阿尔托的自然主义

那些被我们奉为“国际风格”的大师，随着现代建筑的不断发展，也开始反省，发展他们的建筑观，例如阿尔瓦·阿尔托。由于芬兰经历第二次世界大战，于是他便到麻省理工学院授课，时间一直持续到战后。那时他开始有了发展更人性化的现代建筑的观点，并且提出应该使用工业手段来效仿那些木构架的、预制安装的建筑。从此，他开始回应有关技术性、人性化以及地域传统在建筑上的表达。1937年设计的玛丽亚别墅就是一个回归自然，现代与传统相结合的典范（图3—7、3—8）。在这个项目中，阿尔瓦·阿尔托把网格状分布的柱子转换成芬兰森林的抽象概念，吸收了芬兰当地传统建筑的语言。在这个建筑中，最基本的是对立柱的处理。柱网是有规律的，但正如阿尔瓦·阿尔托自己提出的：要避免建筑上所有的人工节奏。在玛丽亚别墅中的立柱没有彼此相同的，除了在书房中有一个钢筋混凝土的立柱之外，所有的立柱都是圆形剖面，而这些立柱都被赋予了个性，或者被漆成黑色，或者成对用藤条包装，或者用白桦木条包装，营造了一种抽象的芬兰松树林的氛围。而类似于树木一样的立柱使人联想起它们的自然起源，而且，阿尔托营造的“森林光线”更加强了这种感觉。所谓“森林光线”是在波浪形的隔板上创造出来的光线效果，玻璃与曲面板交替使用，所以，当太阳很低，或者使用人工照明时，向外投散的光线可以使人联想到阳光穿过树林的感觉。玛丽亚别墅就像是一幅抽象派的拼贴画，使人回归自然，体验到传统的芬兰建筑的蕴味。

4.有机建筑

现代主义的另一位大师赖特，在他的流水别墅中对国际风格也给予了生动的回应，并逐渐形成了自己的建筑风格，我们称之为“有机建筑”。它是一种有生命力的，由内到外的建筑，它的目标是奢华性，突出视觉和艺术的统一。在空间方面，强调自由性和开放性，同时关注材料的视觉特色和形式美。赖特一生一直受到大自然活动的吸引，对地理学的内容也十分感兴趣。所以，赖特在流水别墅的选址上就令业主吃惊。他把位置定在了地形复杂，溪水跌落形成的小瀑布之上。整个别墅利用钢筋混凝土的悬挑力伸出于溪流和小瀑布的上方，通过一段狭小而昏暗的门廊，到达了起居空间。空间中的壁炉向露台敞开，当你靠近时，就会被流水的声音吸引。壁炉建在一块巨大的岩石上，在闪着光的石板地面突显出来，就似溪流中的一块岩石。赖特把这个别墅形成“就像从悬崖峭壁中伸出来一样，通过混凝土楼板锚固在后面的石坪和自然山石之中”（图3—9、3—10）。

图3-6 爱因斯坦天文台

图3-7 玛丽亚别墅

图3-8 玛丽亚别墅室内

图3-9 流水别墅

图3-10 流水别墅室内

5.粗野主义

在第二次世界大战结束后，社会属于战后恢复期，急需大批住宅、中小学校以及其他可快速建造起来的中小型公共建筑。面对这种现象，一些建筑师认为建筑的美应以“结构与材料的真实表现作为准则”。我们把这种比较粗犷的建筑设计倾向称为“粗野主义”。它通常以表现建筑的自身为主，把混凝土的性能以及与质感有关的沉重、毛糙等特征作为建筑美的标准。在建筑材料上保持了自然本色，具有粗犷的性格，在造型上表现混凝土的可塑性，建筑轮廓凸凹强烈，屋顶、墙面、柱墩沉重肥大。勒·柯布西耶设计的马赛公寓被称为粗野主义达到成熟阶段的标志，也代表着勒·柯布西耶与他的战前国际风格的彻底决裂。马赛公寓全部用预制混凝土外墙面覆面，这与以往的建筑有所不同，这是一个私人集合住宅，被柯布西耶称为“垂直花园城”，每个家庭都有一个正面和两侧的私人阳台，有一条宽敞的走廊，即被勒·柯布西耶称之为内部大街，它能够为三个楼层服务。两层高的起居连着厨房，父母拥有一个洗浴套间，孩子们有自己的淋浴室，落地的玻璃窗可以使光线深入照射室内。

设计包含23种不同的基本单元，屋顶是一个游泳池，下面有开放的体育馆、跑道。向下两层是娱乐场所和托儿所，其余的公共设施占据了七层和八层一半的面积，包括储藏室、小型商场、餐馆和旅馆（图3-11）。从审美的角度来说，马赛公寓是柯布西耶的一个转折，以前表面光滑、纤细的柱子被遗弃了，而出现的是雕塑般强有力的外形和未加工的混凝土的粗糙。他所表现出来的态度被年轻一代的建筑师所吸收和发扬，他们开拓了一种粗野的新风格。英国批评家瑞纳·班海姆甚至将它归为新野兽派。

6.象征主义

马赛公寓中体现了柯布西耶建筑风格的转变，从战前的理性几何形状和光滑平整的墙壁设计变得突出粗糙甚至于雕塑般的外形，这个阶段柯布西耶对自然主义和神秘主义充满了热情，这点在法国的朗香教堂中达到了极致（图3-12、3-13）。教堂的外观看起来十分古怪，日光从天棚与墙壁的缝隙之间投射进来，朝南面的实墙是光线的主要来源，光线穿过大量不规则排列的、尺寸和样式各异的彩色玻璃窗照射下来。这个建筑被认为具有异教色彩。在1954年朗香教堂落成时，对主流的现代主义建筑思想产生了强烈的冲击。值得一提的是，当安藤忠雄游历欧洲，来到他倾慕已久的朗香教堂时，对里面的光环境却有些失望。这大概源于东西方文化的差异吧。此外朗香教堂让人联想起合拢的双手，浮水的鸭子，修女的帽子……所以在建筑风格与流派的划分中，又将其作象征主义的建筑作品。

象征主义作为一种流派，成为20世纪60年代较为流行的一种设计倾向，它追求建筑个性的强烈表现，设计的思想和意图寓意于建筑之中，能引发人的联想。萨里宁的纽约环球航空公司航空站（图3-14），伍重的悉尼歌剧院（图3-15），贝聿铭设计的香港中国银行大厦（图3-16），都称之为象征主义的作品。

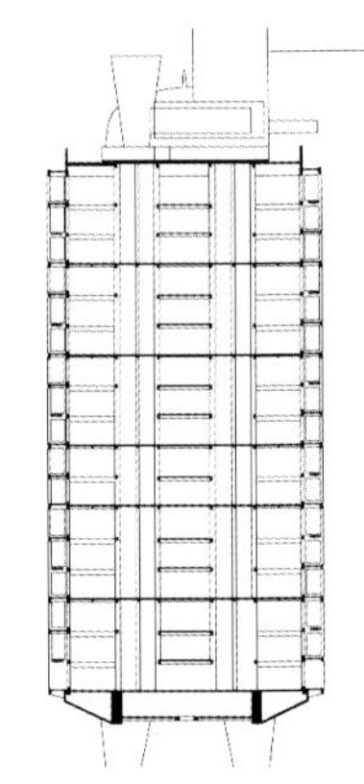

图3-11 马赛公寓剖面

图3-16 香港中国银行大厦

图3-14 纽约环球航空公司航空站

图3-12 朗香教堂

图3-13 朗香教堂室内

图3-15 悉尼歌剧院

7.密斯风格

图3-17 巴塞罗那展览会德国馆

自从密斯在巴塞罗那展览会德国馆的设计上向世人展示了前所未见的建筑风格开始，他那流动"空间的理念"以及"少就是多"的设计理念，有力地扩展了现代主义建筑的影响，在建筑界形成了自身的风格，我们称之为"密斯风格"。这种风格讲究技术的精美，强调简洁严谨的细部处理手法，忠实于结构和材料，要求功能服从于结构，强调建筑材料的"正确使用"。1928年设计的巴塞罗那厅，与传统的民族展厅不同，这里没有贸易展台，只有结构，一件雕塑和特别的家具——巴塞罗那椅，空间被处理成流动的。整个厅的承重结构只有八根十字形剖面的钢柱。尽管其中的一些墙还是扮演了承重墙的角色，但还是依然可以感觉到全新的建造方式和空间概念。在室内材料的选择时，使用了一些华丽的、反光的或者有清晰纹理的材料——石灰石、玛瑙石和两种绿色大理石以及不同种类的玻璃（图3-17、3-18）。几乎在同一时期，密斯还完成了杜根哈特别墅。生活区也如同巴塞罗那厅一样是流动的空间，先后完成的这两件设计作品是密斯打破功能主义的有效标志。而代表他"一无所有"艺术理念的极致表达则是在范斯沃斯住室设计当中（图3-19、3-20）。这个住宅的内部是一个开阔的空间，它没有被分割，只是通过随意布置的设施对空间进行细分。两间浴室，一个简单的厨房，还有一个壁炉，主人的私人空间只是采用幕帘围合。就像在杜根哈特别墅那样，由他设计的家具被精致地摆放在奶白色的地毯上。但由于它的开放性以及没有考虑气候的影响，业主对此并不满意，最终还因此起诉了密斯。另外一个体现"少就是多"的作品是伊利诺工学院的克朗楼，同范斯沃斯住宅一样，空间被包裹在钢和玻璃里面，通透的结构使楼内的人们可以欣赏到天空的风景（图3-21、3-22）。这个建筑物为对称式布局，预示着密斯的思想开始向更静态的、对称的新古典主义的设计方向发展。1954年设计的西格拉姆大厦就是佐证（图3-23）。对密斯来说，重复利用同一模块所带来的神秘和抽象，是非常适合现代城市的表现形式。在西格拉姆大厦的设计中，他把这种"重复"运用到了极致。

图3-23 西格拉姆大厦

图3-18 巴塞罗那展览会德国馆室内

图3-19 范斯沃斯住宅

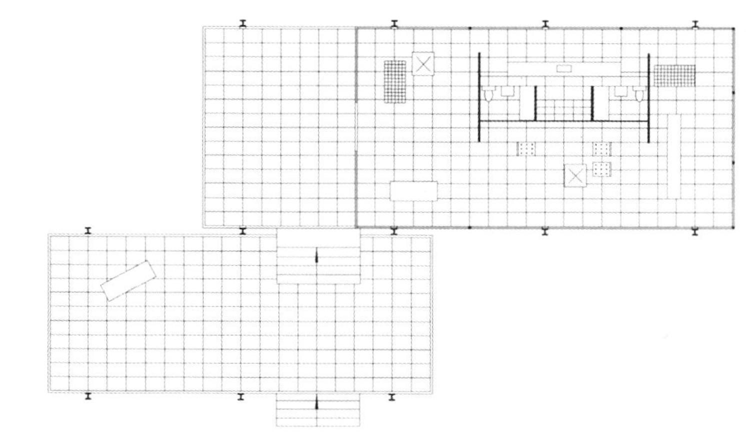

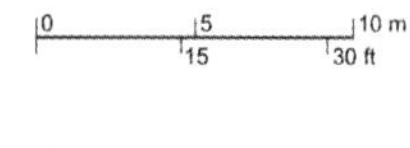

图3-20 范斯沃斯住宅平图

图3-21 伊利诺工学院的克朗楼

图3-22 伊利诺工学院的克朗楼室内

三、后现代主义及其以后的建筑与室内设计

现代建筑以功能和空间作为出发点，它注重功能和空间的结构关系，以一元代替多元，对地域的差别和文脉上的关联性较少地考虑。经过几十年的实践，人们逐渐发现：在自然与建筑之间的中介不仅是技术，还有人。20世纪50年代以来，后工业的信息革命改变着人们的观念，人们追求不只是技术，而更多是追求高技术和高情感之间的平衡。在这样一个时期，要规定一个包罗万象的统一形式是不可能的，多元化的发展是必然结果。

1966年美国建筑大师文丘里出版了《建筑的复杂性与矛盾性》，引起了建筑界的轰动，被认为是后现代主义的宣言。文丘里的理论颠覆了长期以来在建筑领域占据统治地位的现代主义设计规则，展示了设计新的空间和边界。耶鲁大学教授斯卡利认为它是自1923年勒·柯布西耶的《走向新建筑》出版以来，关于建筑创作的最重要的著作。20世纪70年代，理论家詹克斯在《后现代主义建筑的语言》中正式提出和运用了"后现代主义"这一词汇。建筑与室内设计领域的后现代主义表现文脉，隐喻与装饰，基本理念是追求设计的复杂性与矛盾性，后现代主义建筑与室内设计表现出了强烈的曲线形思维，使设计思考的层次和角度多样和复杂，并大量引用传统设计的部件。后现代建筑在建筑界的亮相，如文丘里的母亲住宅，总是以折中主义的风格出现的。而且常常带有古典主义的倾向，因此受到现代主义的批评。后现代主义的代表有前面提到的文丘里、詹克斯、格雷夫斯、路易斯·康和汉斯·霍莱因等。

汉斯·霍莱因生于维也纳，因为他一些前卫的使人惊讶的想法和在维也纳一系列富有创意的商店门面和室内设计受到关注。他最早的作品是位于科尔市场的一个小型蜡烛商店。令人喜欢的铝制门面，孔式入口，相匹配的成对的小型精致的橱窗看起来就像沙丁鱼罐头的金属盖一样自然。但是在内部，蜡烛那种看似神圣的展示方式又好像是对神殿的一种讽刺（图3–24）。

美国最有声望的后现代主义大师格雷夫斯设计的迪斯尼世界的天鹅旅馆和海豚旅馆以及他的波特兰市政大厦也是后现代主义的代表作品（图3–25、3–26）。天鹅旅馆和海豚旅馆如同其他后现代主义作品一样，这个设计也带有明显的戏谑古典主义的痕迹。先不说出现在建筑屋顶的巨大的天鹅和海豚，在内部设计上，格雷夫斯更是大量地选用了绘画，天花、墙壁到处充满着花卉，热带植物为题材的现代绘画，夸张的椰子树装饰随处可见。同样，古典的设计语汇自然充斥其中，这大概也为后来格雷夫斯转向新古典主义作了铺垫。

后现代主义拓展了设计的美学领域，是建筑与室内设计发展史上的一次重大突破。然而后现代主义的设计往往过于随意通俗，具有玩世不恭的倾向和忽视功能的倾向，慢慢地受到越来越多的批评和排斥。同时人们开始意识到现代主义建筑并没有也不可能彻底地消亡。于是建筑界对现代主义采取了重新认识的态度，用批判的精神，并不是全盘否定。承认其成就，对其不足进行反思和批判，寻找建筑更深层次的对人、对文化、对历史的关注。对于全世界而言，人们都在关注对自身的发展和生存状况，在20世纪后半叶，经济发展，物质繁荣，技术进一步发展。但是在70年代，这种工业化的成就受到质疑，能源危机，城市交通、环境的破坏，地域个性、传统文化的断裂与消失，都使得建筑师重新审视建筑创作。这个时期，并无英雄主义色彩，对历史的批判和反思，也没有一种思想和观念是占主导地位的。尽管如此，我们还是依然可对他们进行分类，尽管建筑师有时并不认同这种分类。这个时期出现的设计流派有：解构主义、新古典主义、新理性主义、新地域主义、新现代主义、高技派、白色派。

图3-26 波特兰市政大厦室内

图3-25 波特兰市政大厦

图3-24 汉斯·霍莱因的蜡烛店

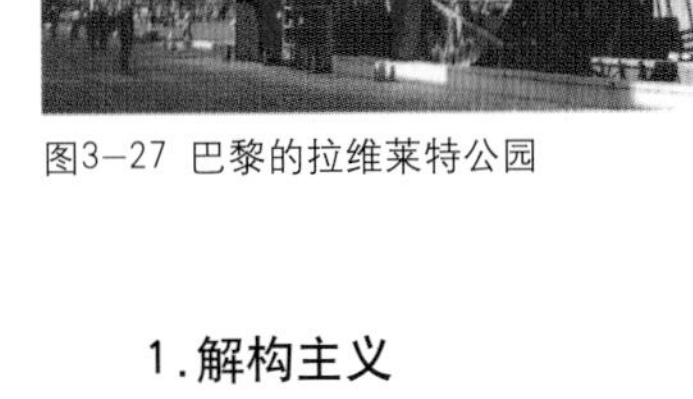
图3–27 巴黎的拉维莱特公园

图3–28 巴黎的拉维莱特公园

1.解构主义

解构主义正式出现在20世纪80年代。从形式与审美方面而言，解构主义同20世纪初的构成主义美术相联系，表现空间与结构的运动、分裂、组合、激变等感觉。它解构完整与和谐的形式系统，在设计中追求散乱、动荡倾斜、失衡、残缺之类的感觉。解构主义的创作手法是各种各样的，如用分解和组合的形式来表示时间的非延续性，把建筑物“碎裂”后重新组合，通过层次、点缀、网格旋转、构成处理、增减等手法来表现间离。著名的解构主义建筑师是屈米和埃森曼。屈米的代表作品巴黎的拉维莱特公园（图3–27、3–28）。通过点、线、面的布置，渗透、置换、排斥一般大型工程的总体合成的限制，屈米认为这样就可以体现出“偶然”、“巧合”、“不协调”、“不连续”的设计思想，从而达到不稳定、不连接、被分裂的感觉。

彼德·埃森曼的威克斯纳视觉艺术中心（图3–29），是解构主义的又一创作。中心的规划方案在开始时没有一个详细的摘要和地点，彼得·埃森曼选择的地点是在相邻的建筑物之间进行建造。他称这个工程为“一个建筑物，一处考古之地，其主要部分是脚手架和景观”。彼德·埃森曼以特定的距离将场地内的其他元素组合起来，就如飞机跑道一样。在此基础上，又好像是在取笑传统的“文脉”关系，他设计了一种虚构的历史建筑的立面——想象中的“城堡”，它们由砖砌成并彼此分开。艺术中心的骨架由两套交叉的三度空间网格组成，连接着已建成的两个报告厅和拟建的艺术中心。两个平面网格以12.5°斜向交叉，与校园道路和城市街道保持一致，在整个建筑上采用了断裂和错动（图3–30）。

图3–29 威克斯纳视觉艺术中心

解构主义大师除了上面提到的两位，还有弗兰克·盖里，盖里住室、鱼味餐厅以及舍雅特、代广告公司总部都可以说是解构主义作品的代表作。

2.新古典主义

新古典主义作为西方当代建筑文化的主流，是后现代主义对古典主义发展的新形式。古典主义源于古希腊，古罗马，是西方建筑体系中最成

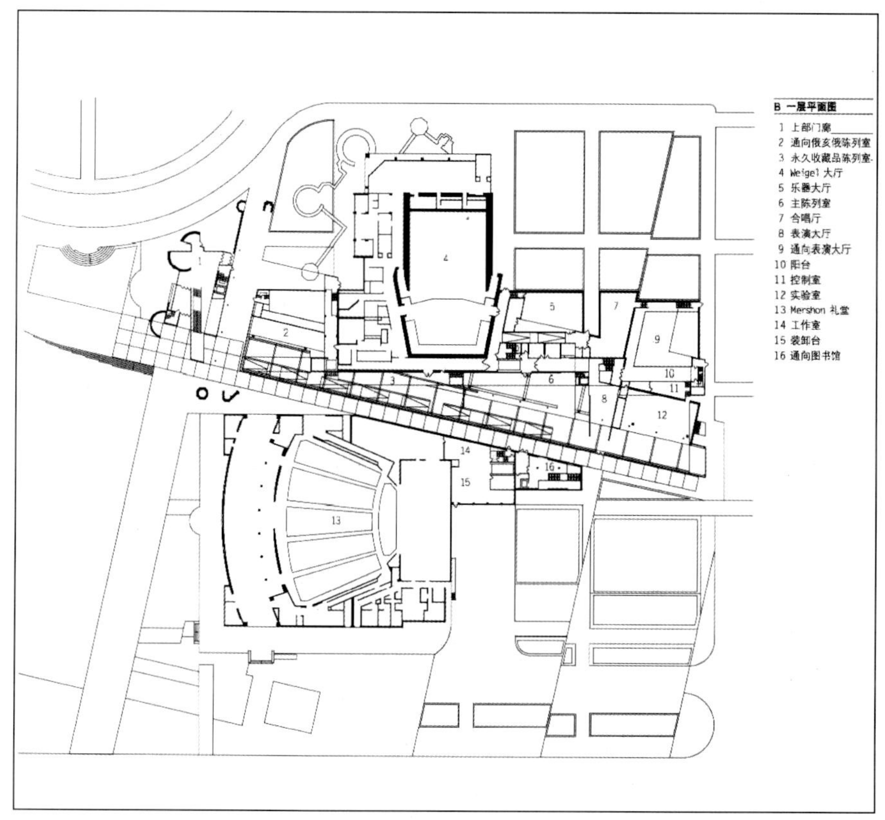

图3–30 威克斯纳视觉艺术中心平面图

熟、最完备的典范。新古典主义是对传统建筑语言的自由翻新，对古典装饰符号进行变形并加以运用。或者用现代材料和形式表达古典的细部。迈克尔·格雷夫斯是新古典主义的大师，迈克尔·格雷夫斯开始引起关注是在20世纪70年代，当时和理查德·迈耶、彼德·埃森曼一起被称为“白色派”，后来，又被公认为是后现代主义的领导人物。在设计风格上，有过多次跳跃性的变化，后来趋向于新古典主义，格雷夫斯自己的住宅就是一个例证（图3–31、3–32）。这个住宅不是一个新的建筑，而是对1926年时修建的家具仓库的全面改造。它那意式风格的正面和后面是非常传统的，而且由砖砌的延伸部分更是吸引了格雷夫斯。在1970年得到它之后，几乎是在十多年后才对这个建筑进行全面、彻底的改造。对称排列的房间、分段的窗户和托斯卡纳柱式，整个住宅的许多细部设计都是古典式的。而且这里不仅是格雷夫斯的家园，更是他个人家具的展示场所，而且这些家具也几乎都是新古典主义风格的。

除了格雷夫斯外，曾经风靡一时的KPF作品也带有新古典主义倾向，无论是建筑的外立面处理，还是室内装饰细部的处理，都是用现代的技术和材料来表达古典的意味。至今，仍是许多人模仿的对象，代表作如DG银行总部、波特兰美国联邦法院等。

图3–31 格雷夫斯住宅

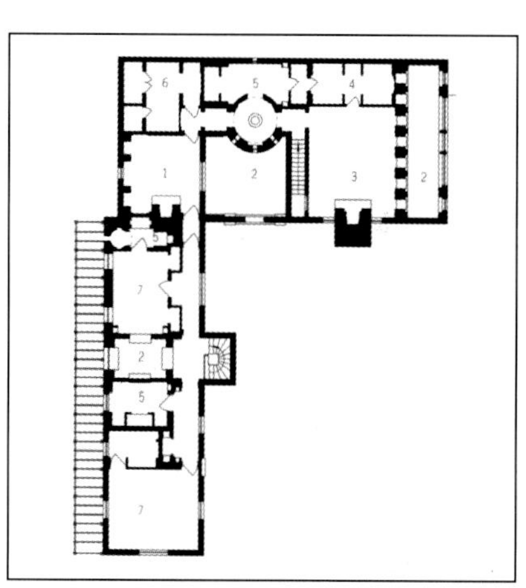

图3–32 格雷夫斯住宅平面图

3.新理性主义

新理性主义是20世纪60年代流行于意大利的建筑思潮。其初衷是恢复城市的秩序和找回建筑的本质。由于工业化和功能性设计带来的毁坏性令人沮丧，新理性主义认为建筑本应回到以时代为荣的郊区模式和建筑形式，相信建筑的历史延续性，相信历史阶段所提供给设计的确定的、不变的东西。因此，可以从历史建筑中抽取出潜在的类型。这些类型的原型可以从建筑中寻找，也可以从其他物品，如咖啡壶、刀叉中寻找启发。尽管和新古典主义一样都是从古典形式汲取营养，但理性主义往往会传达一种超越现实、超越个人情感的极端的理性与冷静的氛围。代表建筑大师是阿尔多·罗西。罗西着眼于人类的共同经验，强调设计中对原始形态、历史记忆、种族记忆或心理经验的恢复及原型的重构。熟悉的形式和原型虽然具有恒定性，但是设计者可以赋予这些固定的形式以新的意义，“场所和物体随新意义的增加而变化”。熟悉的物体如谷仓、马厩、茅房、工场等，其形态已经固定，但意义却可以改变。罗西否定了现代主义关于“形式追随功能”的观点，认为应颠倒过来，使功能适配形式。一个典型的例子就是罗西的博尼基丹博物馆，该作品的灵感来自公共建筑、教会建筑和工业建筑。包锌的穹顶、烟囱般的交通体、方格玻璃墙和铁丝网拱，仿佛都在追忆这片土地作为制陶工厂的历史（图3−33）。在设计方法上罗西规定了具体的设计程序：①引用存在的建筑和片段。②图像类推。③换喻。④产生同源现象。在这套程式过程中，前提是对原型进行抽取、简化、还原和归类。都灵的CET办公大厦“曙光之家”临街而建，规矩的平面、坡屋顶、分段式的造型体现着对传统元素及历史记忆或形态的引用。但罗西进行了“换喻”，把建筑从历史的境遇中引向现实，宫殿式的原型转换为现代的办公大楼，使之生成新的意味及逻辑关系。但此建筑又是和原型“同源”的，在超越时空与原型进行对话与交流（图3−34）。

图3−33 博尼基丹博物馆

图3−34 都灵的CET办公大厦

图3-35 管式住宅

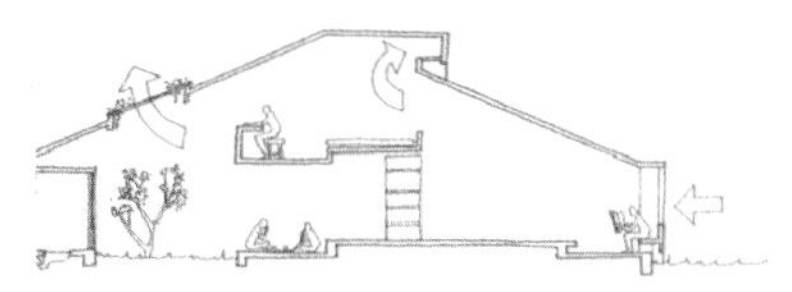
图3-36 管式住宅剖面示意图

图3-37 住吉的长屋外观

图3-38 住吉的长屋内庭

4.新地域主义

在整个世界范围的设计趋向形式大统一的局面，西方发达国家的各种建筑与设计样式被认为是时代与先进的模式，而被世界其他地区的设计师移植、模仿。地域或民族的建筑与设计正趋于消失。新地域主义就是在这样的背景下产生的。它强调表现地域的历史文脉和传统，表现地域设计的特性及差异性。他们所关注的传统内涵既指传统的建筑，也包括传统的工艺品、艺术品等非建筑物品。既表现传统的形式、结构和装饰，也表现出了传统的文化观念、风俗习惯和审美意识等。新地域主义代表的大师有印度的查尔斯·柯里亚和日本的安藤忠雄。

柯里亚曾在马萨诸塞州工科大学学习建筑，深受柯布西耶的影响，他将现代主义的原则与印度的风土和文脉进行了结合。柯里亚认为气候和风土对建筑有着直接的影响，是建筑形态不可忽视的重要参数。同时，他还注重表现地方深层的精神和文化的意义。他比较早的一个作品“管式住宅”就是一个被动节能建筑的实例，管式住宅的单元为18.2米长，3.6米宽，热空气随着倾斜的顶棚上升，从顶部的通风口排出，然后新鲜空气被吸入，建立起一种自然通风的循环体系。同时，通风还可以通过大门旁边的可调式百叶窗来控制（图3-35、3-36）。在这里出现的通风手法，在他后来的作品中曾多次出现。

安藤忠雄是一位自学成才的建筑师，他的作品具有强烈的现代主义的简化特征和地方文化的特点。“纯粹空间”是他设计的主要目标，他的作品最大限度地节约材料，通过单纯的形式表达复杂的空间效果，在原有自然环境的基础上，通过空间结构的转化达到与自然的统一。光线也是安藤设计思考的要素，在安藤的作品中，不仅表达一种物理环境，更重要的是表达精神的意义。另外，混凝土是安藤常用的材料，它体现了日本传统文化中的自然观。“住吉的长屋”是安藤重要的代表作，也是他自己比较喜欢的作品。在这个设计中，安藤运用了大阪传统民居“长屋”的形式，但用现代的理念和材料进行了置换。此建筑是一个独立的混凝土盒子，在中间开设了一个三分之一住宅面积的露天中庭，使看是封闭的房屋从内部获得了充足的光线，并于外部的自然相联系（图3-37、3-38）。

5.新现代主义

新现代主义是对现代主义建筑及室内设计理念与原则的继承与发展，在继承的同时，新现代主义设计摆脱了现代主义的局限，发展了现代主义的功能原则，重视人的感情需要，重视文脉传统，重视环境与生态保护等，新现代主义是一个大的、包容广泛的概念。白色派、高技派甚至前面提到的新地域主义以及解构主义建筑师的作品都归属其列，同时，我把当今最为耀眼的建筑师的作品也归入新现代主义作品，例如扎赫·哈迪德、雷姆·库哈斯、斯蒂文·霍尔、弗兰克·盖里、伊东丰雄和妹岛和式等等。

1972年纽约五位建筑师组织“白社”，发表了《五位建筑师》一书，这五位建筑师是：彼德·埃森曼、麦克尔·格雷夫斯、约翰·海杜克、理查德·迈耶和查尔斯·格瓦斯梅，他们推崇勒·柯布西耶的纯粹建筑，偏好白色，故又称为“白色派”。在所有的成员当中，迈耶是最具代表性的。他的代表作有亚特兰大美术馆，（图3-39）。

高技派经历了长期的发展历程，19世纪中叶的水晶宫可以说是高技派的典范，高技派的设计师推崇建筑或室内设计的高技术性与机器文明，认为技术是人类文明的基本部分。高技派的设计具有形式审美与建筑技术两个层面的含义。巴黎蓬皮杜文化中心是由意大利建筑师皮亚诺和英国建筑师罗杰斯设计的，是一种运用高技术建造的“化工厂”（图3-40、3-41）。它消除了石材、砖块所构成的传统的封闭性外观，柱、梁、楼板均为预制装配的钢构件，把交通、水、电等设备暴露在室外，纵横交错，与艺术宫殿大相径庭，给人以全新感受。另外的作品还有诺曼·福斯特的香港汇丰银行以及SOM的美国科罗拉多州的空军士官学院。

注重工业技术的最新发展，及时把最新的工业技术应用到建筑中去，将永远是建筑师的职责，问题在于是为新而新，还是为合理改进建筑而新。随着新技术尤其是高科技成果在设计和建筑中的广泛运用，产生了一些新的建筑类型，如智能化建筑、生态建筑、太阳能建筑等都与高技术的运用分不开。

毫无疑问，现代的建筑正在越来越多地挑战传统，部分原因是我们对传统太熟悉了，希望能打破，部分原因是我们这个时代有着令人迷乱的多变趋势和兴趣取向。雷姆·库哈斯发起对重力的挑战，他用“宽恕现状”的态度来对待这个浑沌世界。他承认自己的无能为力，只能专心扮演具有智能与爆破力的建筑突击队，诱发现代城市的内在矛盾与隐藏能量。而面对同样的世界，弗兰克·盖里采取了比喧嚣更喧嚣、比浮华更浮华的以毒攻毒的方式，以一种叛逆的形象出现，如他的毕尔巴鄂古根海姆博物馆（图3-42），却也能让投资者捧大把的钱来随他驰骋设计。而让·努维尔则一直痴迷于电影和使建筑物质化的可能性。在卢塞恩文化和会议中心，他实现了各空间之间的流动感，体现了他的想法，施于上空的屋顶也显示了对重力的挑战（图3-43）。赫尔佐格和梅德隆则把材料推向“一种极端的状态”，以此来展示它是源于功能上的应用，而非“原来所用”。而伊东丰雄则在仙台媒体中心尽力的表现非实质的“液态空间”（图3-44）。伊东丰雄在空间上追求巴塞罗那馆式的流动感，而在这里他要展现的是“不是流动空气的轻飘，而是稠密液体的厚重……它使我们感觉正在水下观察外界物体一样，更恰当地说，就像是处于一种半透明的状态。在此我们感受的不是空气的流动，而是在水下缓缓飘浮的那种感觉。”

如今，全世界的媒体都在关注这些明星建筑师，而建筑师也必须根据功能发展起特有的建筑风格，以便使他们有所不同，而且让客户感受到他们的可识别性。而媒体的发达拉近了我们和大师的距离，通过对大师的学习，归根结底是更多关注我们自己的设计。

图3-39 亚特兰大美术馆

图3-40 巴黎蓬皮杜文化中心

图3-41 巴黎蓬皮杜文化中心

 图3-42 毕尔巴鄂古根海姆博物馆

图3-44 仙台媒体中心

图3-43 卢塞恩文化和会议中心

第二节 名家风范作业任务书

一、教学要求和目的

1.适应从建筑设计到室内设计的过渡。

2.学习一位著名设计师的设计思想及设计风格，并将其运用于作业之中。

3.进一步熟悉室内设计的方法、步骤、内容及原则。

4.理解建筑设计与室内设计的关系。

5.熟悉通过模型进行室内设计构思，并用模型表达设计意图的方法。

二、设计任务

有一块30米×20米的基地（基地周边的环境可由学生自己设定），在该基地上拟建造一幢小型的建筑师俱乐部，面积约300平方米，层数由学生自定，内部至少有一间较大的空间及必要的功能性房间，如厕所、厨房及会谈空间等。

每位同学选定一位著名设计师作为学习对象，充分领悟该设计师的设计理念与设计手法，并将这些理念与方法贯穿于该俱乐部的建筑设计与室内设计之中。

整个教学过程与模型相结合，熟悉从草图到模型、构思到方案、调整到模型制作和图纸上版的过程。

三、成果要求

1.图纸部分

平面图1：50（含室内布置）。

平顶图1：100。

外立面图1：50（1个）。

剖面图1：50（1个，需表达出室内设计）。

设计说明须简要分析该著名设计师的设计思想与风格以及在自己作业中的运用。

2.模型部分

模型底板尺寸600毫米×400毫米，比例为1：50，材质自定。

模型以表达内部空间为主，应充分表达内部空间的组织、室内界面的处理与材质。

模型需同时表达出建筑设计的外立面及基地内的主要室外环境处理。

四、进度安排(见表3–1)

五、参考资料

1.介绍著名设计师的书籍与杂志。

2.有关室内设计的书籍与杂志。

3.有关模型制作的书籍与杂志。

表3–1

	一	四
第一周	发题、释题、查资料	查资料、构想
第二周	建筑设计思想、交建筑设计方案草图	建筑设计方案深化
第三周	建筑设计定稿、开始室内设计	室内设计方案草图
第四周	室内设计深化	制作成果模型
第五周	制作成果模型	调整设计、制作模型
第六周	图纸上版、制作模型	图纸上版、制作模型
第七周	图纸上版、制作模型	交成果

第三节 设计作业点评

图3-45 名家风范之一 作者：李一帆 艾琳

1.该生从四个方面分析了西萨·佩里的建筑理论与设计手法，并将其运用于山地建筑师沙龙的创作中，整个设计的合理和地形契合，较好地体现了学习与创新的目的，模型制作精美，较完美地表达了设计构图（图3-45～3-49）。

2.该生从对包赞巴克的设计思想以设计手法入手，分析简明扼要，并能将大师的一些设计理念运用于沙龙的设计中，整个设计特别在空间及造型方面较好地体现了大师的风格，但模型的场景表达以及材质的表现力尚待提高（图3-50～3-54）。

3.通过对Gwathmey作品设计手法的分析，并能将其运用于自己的设计当中。但在内部空间氛围的营造上还需向大师学习，另外，分析的条理还需更明晰些（图3-55～3-59）。

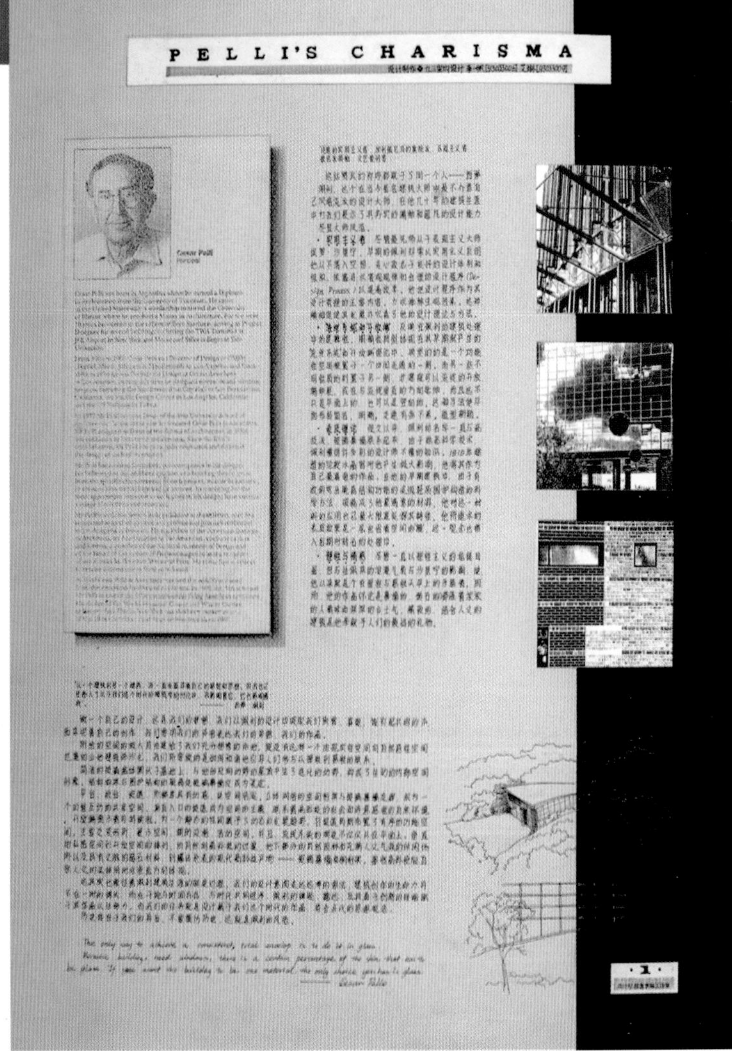

图3-46 名家风范之一 作者：李一帆 艾琳

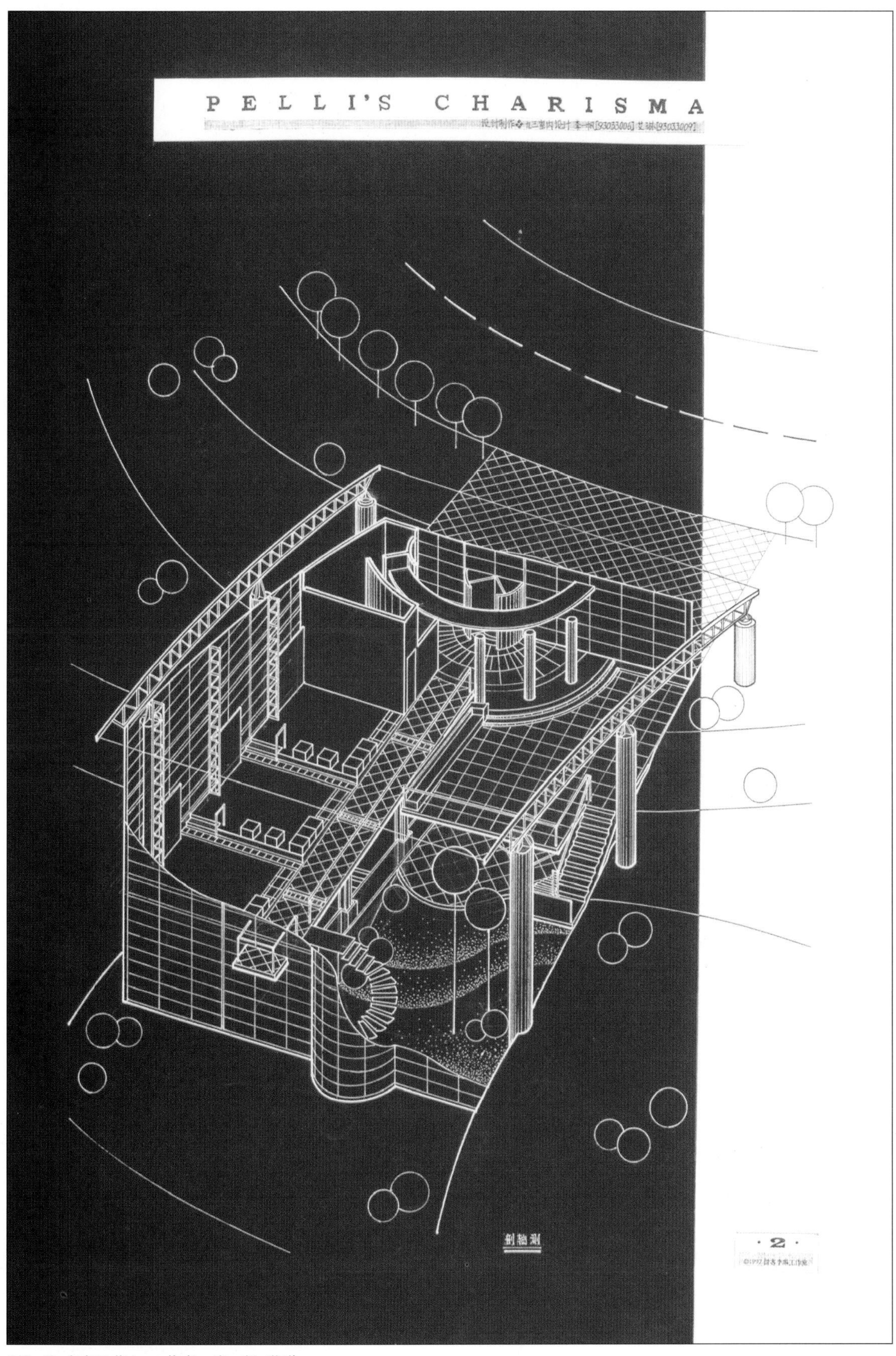

图3–47 名家风范之一 作者：李一帆 艾琳

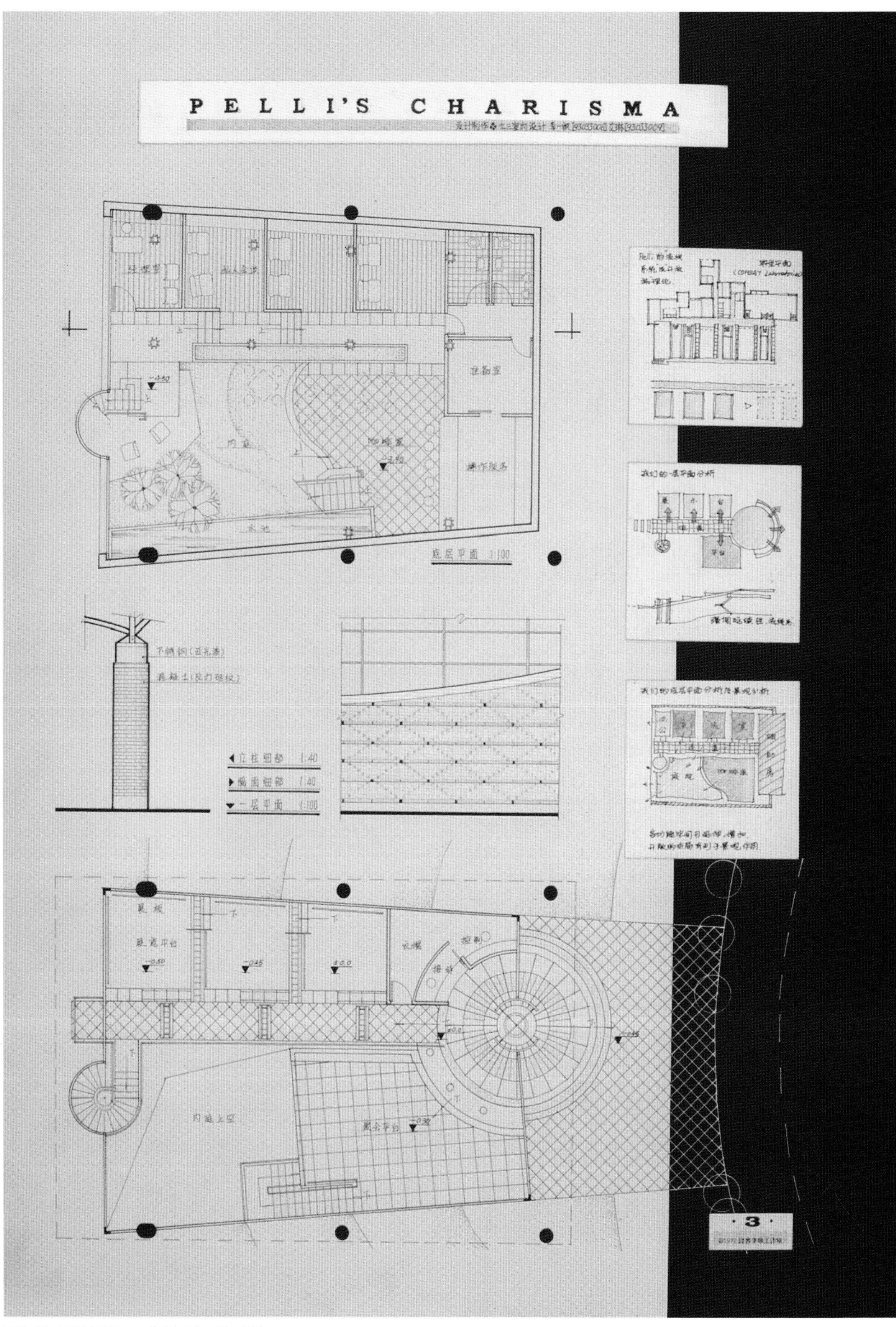

图3-48 名家风范之一 作者：李一帆 艾琳

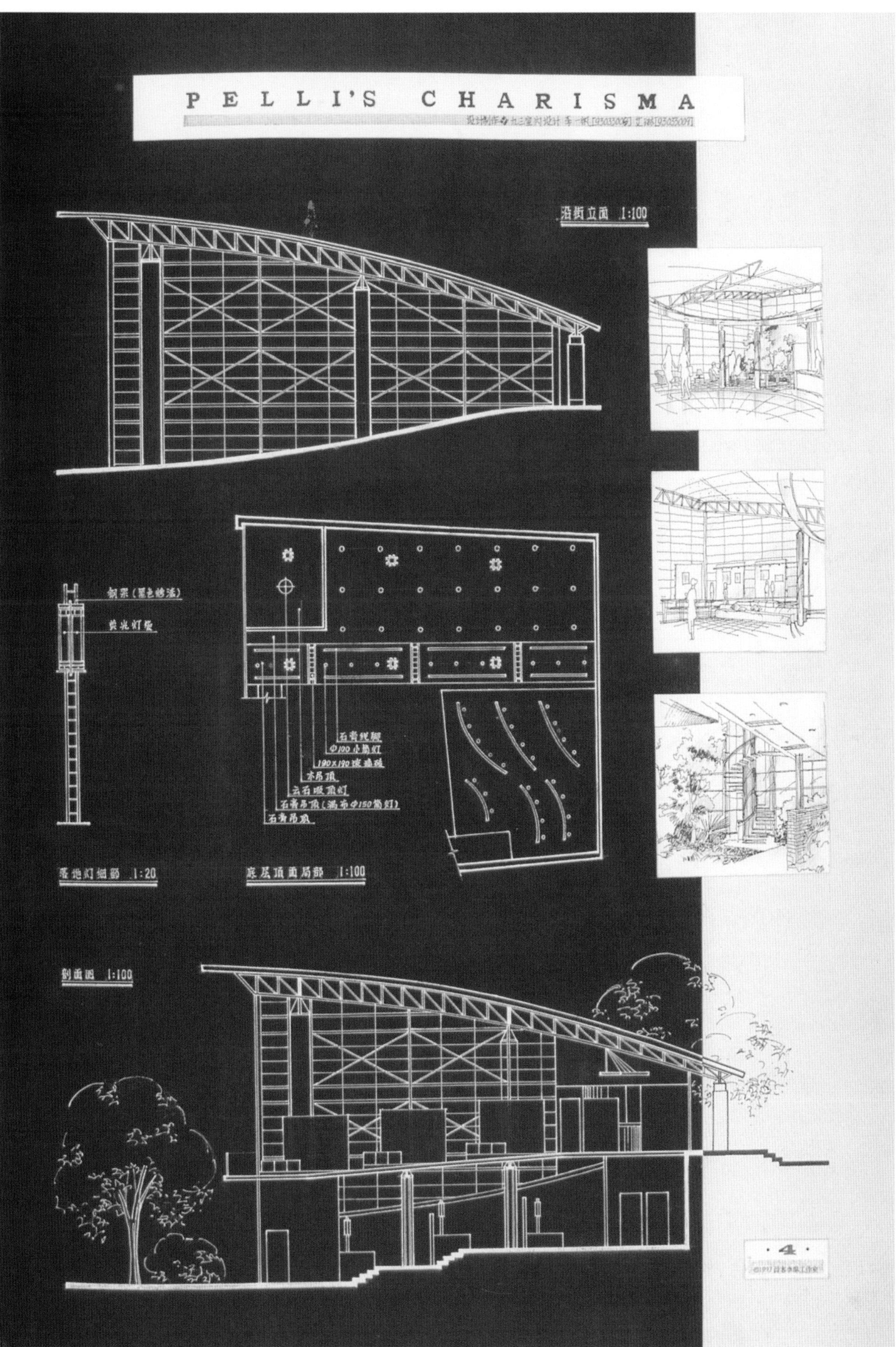

图3–49 名家风范之一 作者：李一帆 艾琳

CHRISTIAN DE PORTZAMPARC——阅读包赞巴克

READING

名家风范

- 极富特色的折衷主义
- 建筑实体与通透的交替，碰撞
- 重视节奏，运动和形与形之间的连接
- 建筑的序列过渡中发现建筑
- 功能并不包括所有的创造活动 不包括所有对空间的主观要求

Among the protagonists of the renewal of French architecture. Christian de Portzamparc's career has been outstanding.In two fertile decades between the revolt against the old Beaux-Arts system and the international recognition which now enables him to build in Japan,Portzamparc has addressed all the issues which his generation has reintroduced into the architectural debate.Firstly the urban question,which he has treated without nostalgia:his competition for la Roquette in 1974,then for the Hautes Formes district of Paris in 1978 reconcile modern architecture with the city.Then came the return of the issue of Portzamparc was among the first to celebrate the end of the rupture between modernity and history andto reclaim all heritages.Finally and above all, Portzamparc's work demonstrates the development of an original and personal vocabulary.At the Cite de la Musique in La Villette,an unified urban facade is the prelude to a fragmented composition in which the hard won freedom of an innovator who has sought the true path between the legitimacy of the epoch and the subjectivity of the artist can find expression.

in [illegible] 1962–1966 studied at the Ecole Nationale Superieure [illegible] Beaux-Arts,paris. 1966–1969 [illegible] Music of the 7th Arrondissment,Paris. Design for the competition for the Bastile Opera selected by the jury. Winning submission for the competition for the School of Dance of the Paris OPera,in Naterre. 1985 Winning proposal for the competition for the La Villette Center for Music,Paris. rearrangement of the Cafe Beuabourg. 1986 Winning design for the Center of Nauterr. 1988 Winning design for the extension of the Bourdelle Museum and for the master plan for the Atlanpile,Nautes. 1984–1990 City of Music, west wing,Paris.

060

CITY OF LA MUSIQUE

ABOVE

The waiting area by the entance is an open yet protected space

RIGHT

SALON DESIGN

颜隽 王敏敏

图3–50 名家风范之二 作者：颜隽 王敏敏

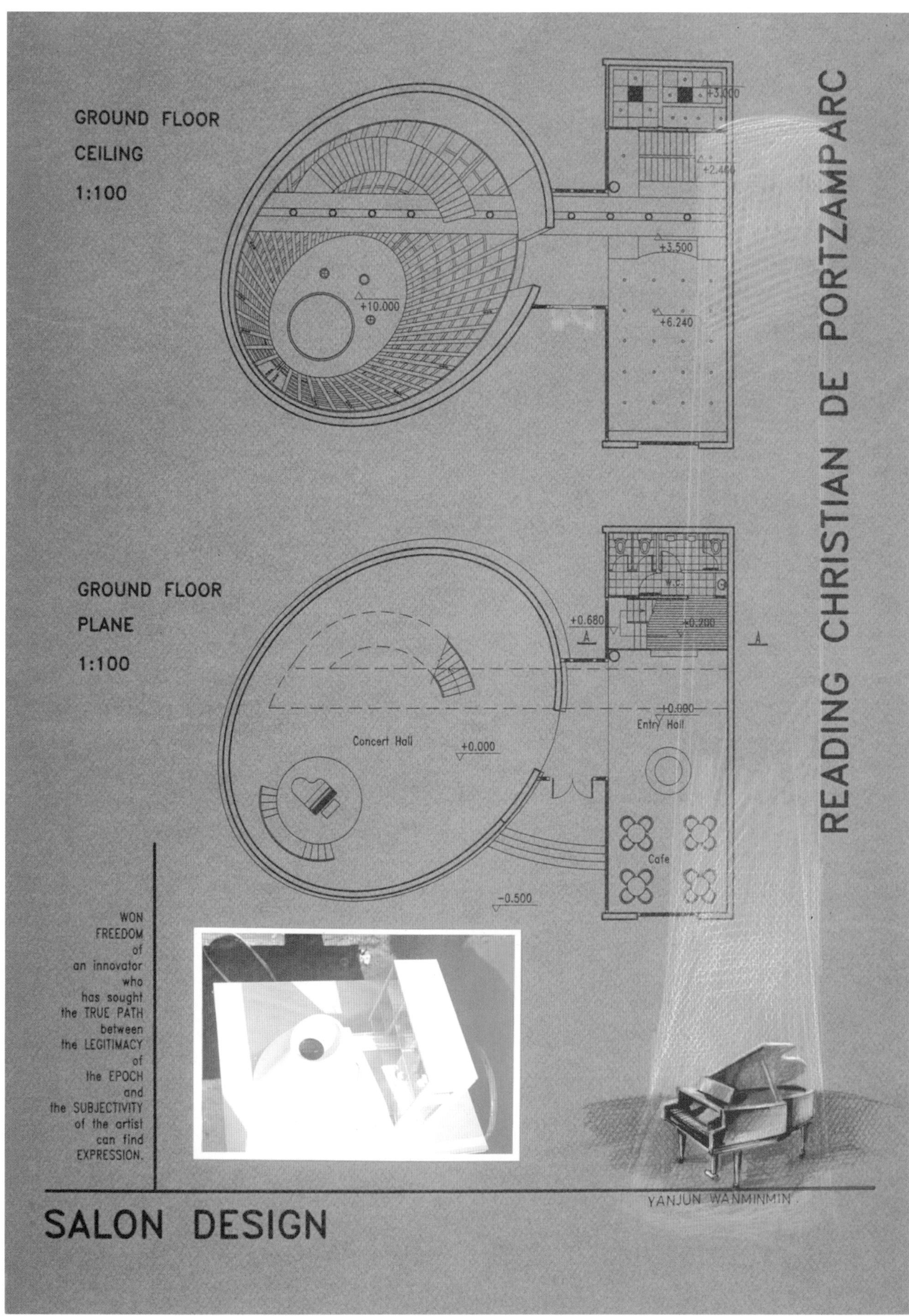

图3–51 名家风范之二 作者：颜隽 王敏敏

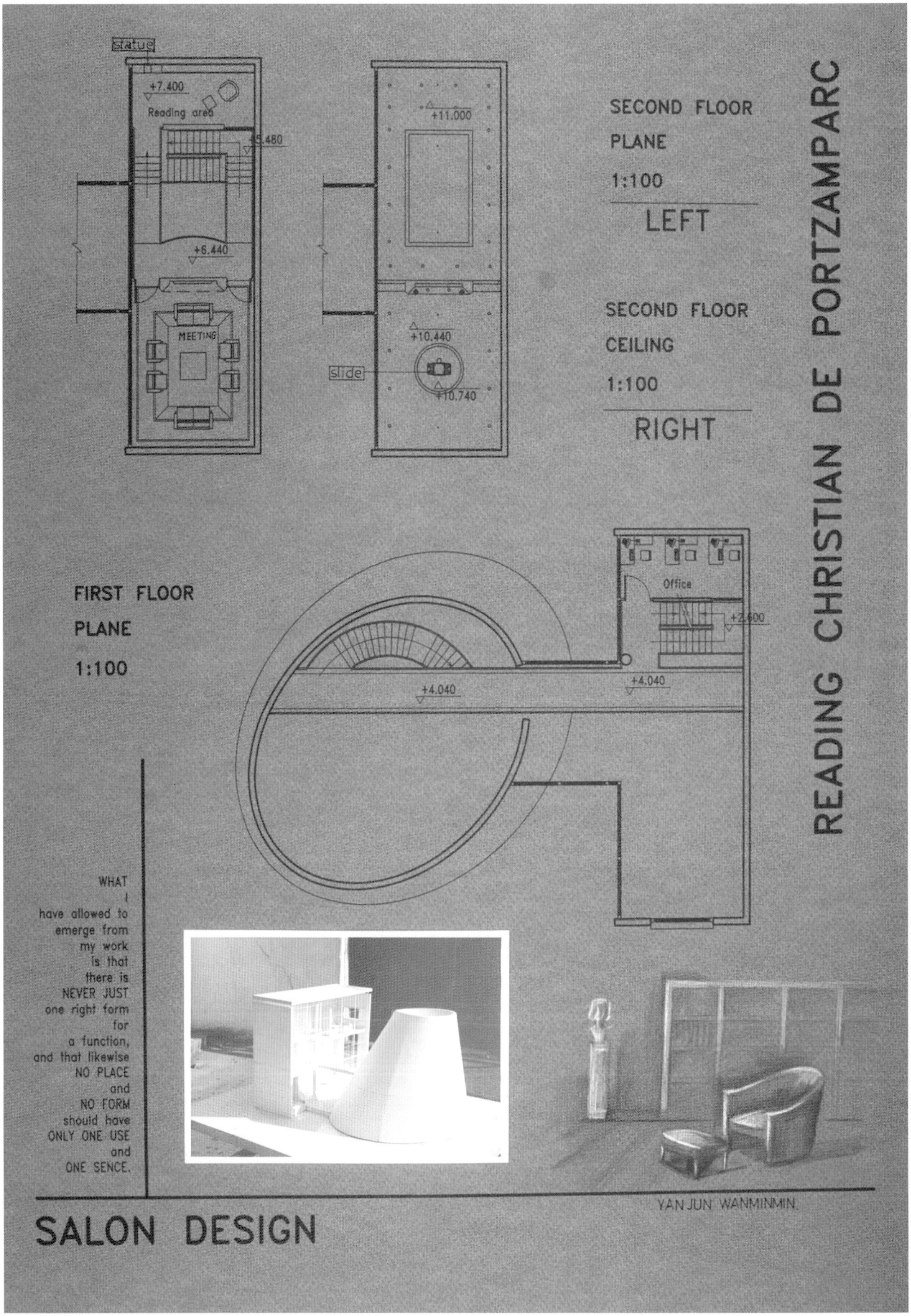

statue

+7.400

Reading area

+5.480

+6.440

MEETING

+11.000

+10.440

slide

+10.740

SECOND FLOOR
PLANE
1:100
LEFT

SECOND FLOOR
CEILING
1:100
RIGHT

READING CHRISTIAN DE PORTZAMPARC

FIRST FLOOR
PLANE
1:100

Office

+2.600

+4.040

+4.040

WHAT
I
have allowed to
emerge from
my work
is that
there is
NEVER JUST
one right form
for
a function,
and that likewise
NO PLACE
and
NO FORM
should have
ONLY ONE USE
and
ONE SENCE.

YAN JUN WANMINMIN.

SALON DESIGN

图3–52 名家风范之二 作者：颜隽 王敏敏

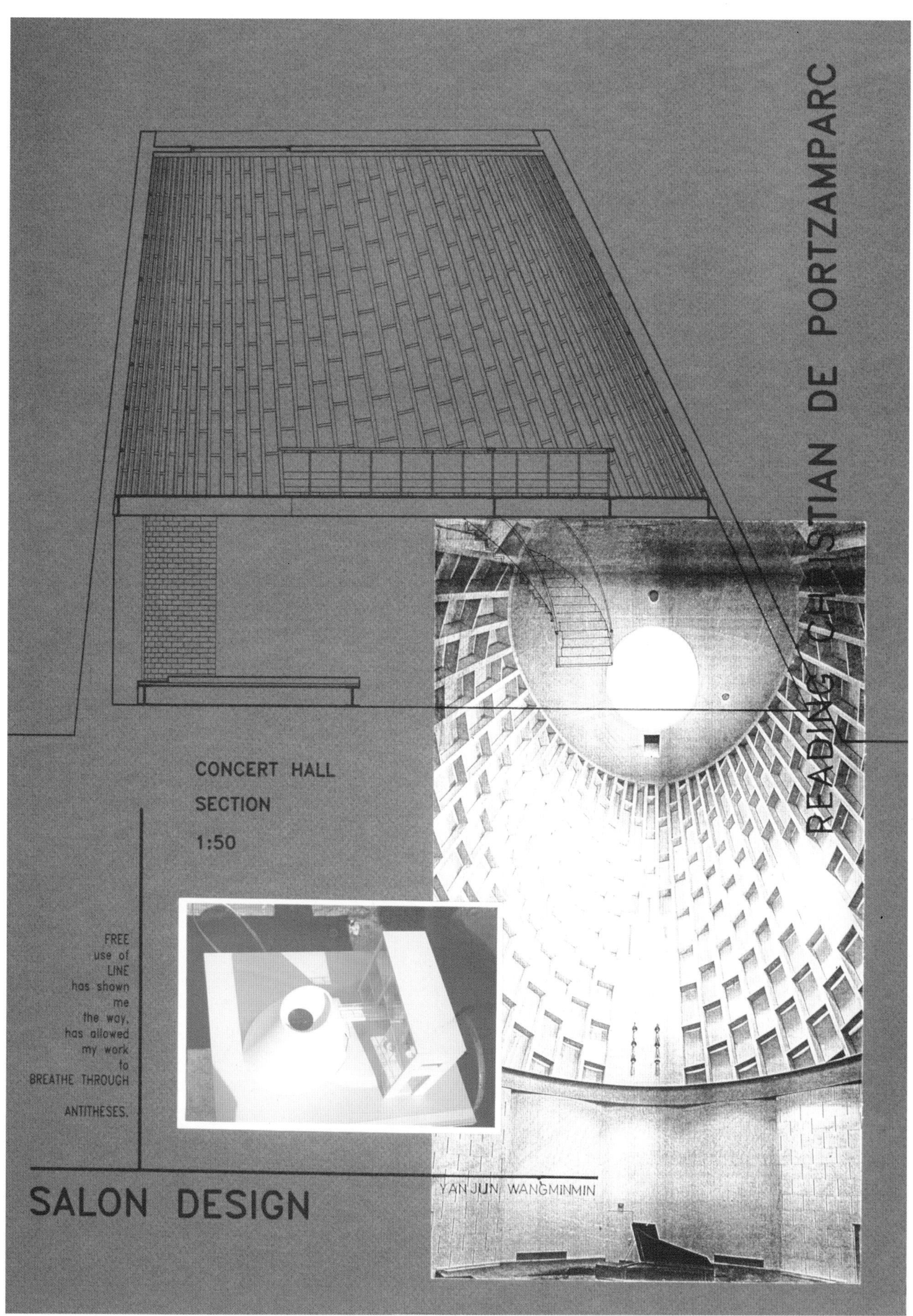

图3–53 名家风范之二 作者：颜隽 王敏敏

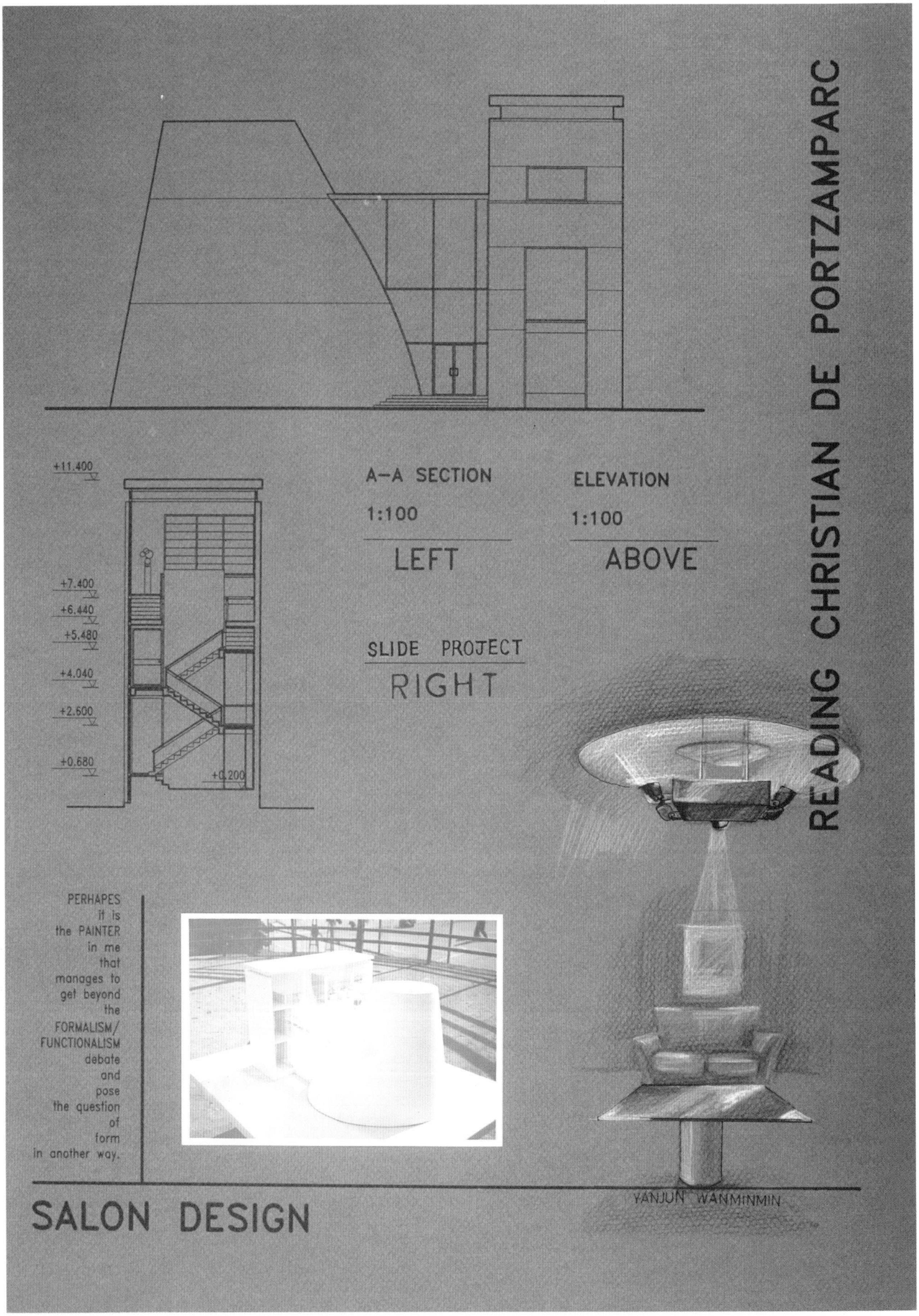

READING CHRISTIAN DE PORTZAMPARC

+11.400
+7.400
+6.440
+5.480
+4.040
+2.600
+0.680
+0.200

A-A SECTION
1:100
LEFT

ELEVATION
1:100
ABOVE

SLIDE PROJECT
RIGHT

PERHAPES
it is
the PAINTER
in me
that
manages to
get beyond
the
FORMALISM/
FUNCTIONALISM
debate
and
pose
the question
of
form
in another way.

YANJUN WANMINMIN

SALON DESIGN

图3-54 名家风范之二 作者：颜隽 王敏敏

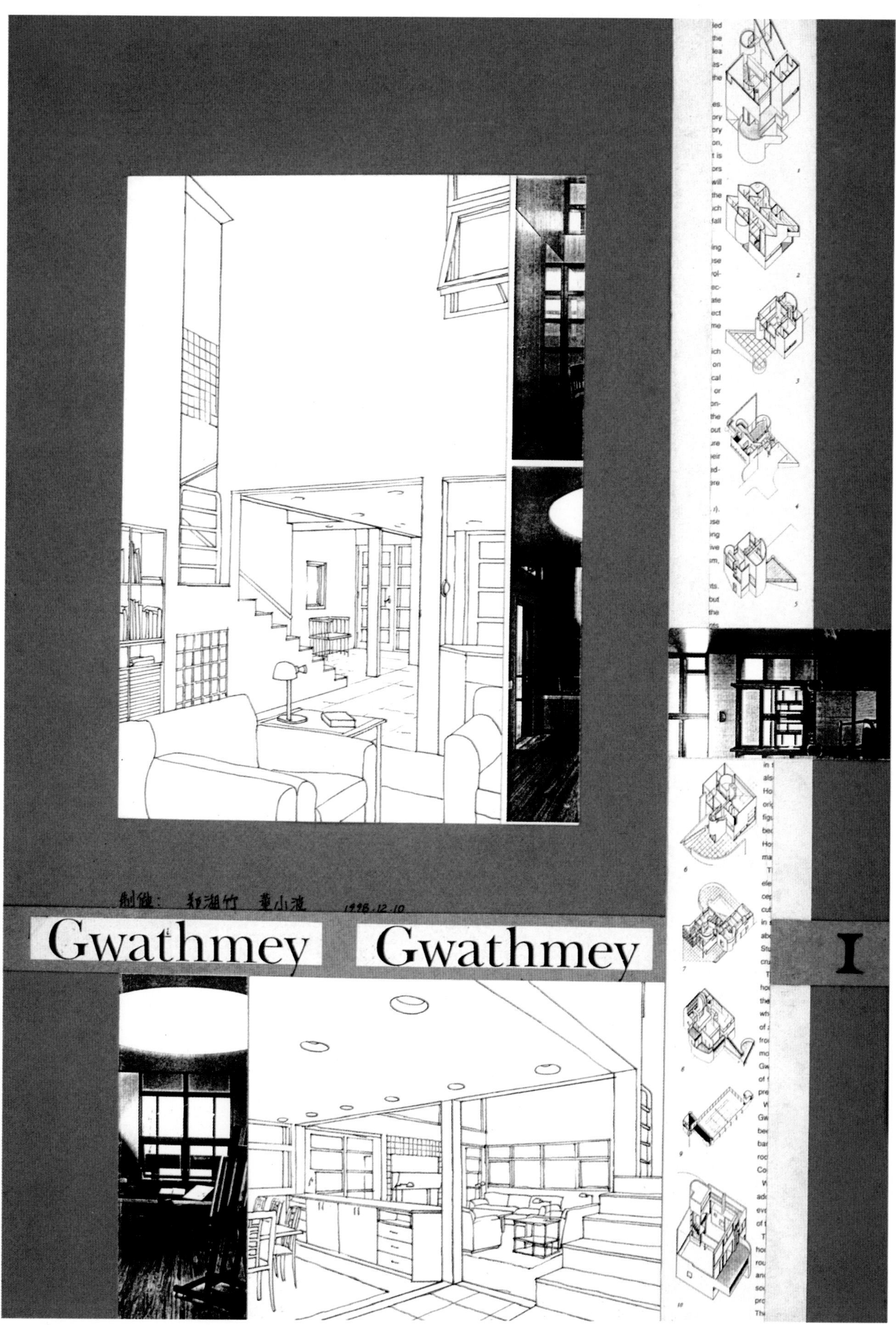

图3-55 名家风范之三 作者：郑湘竹 董小波

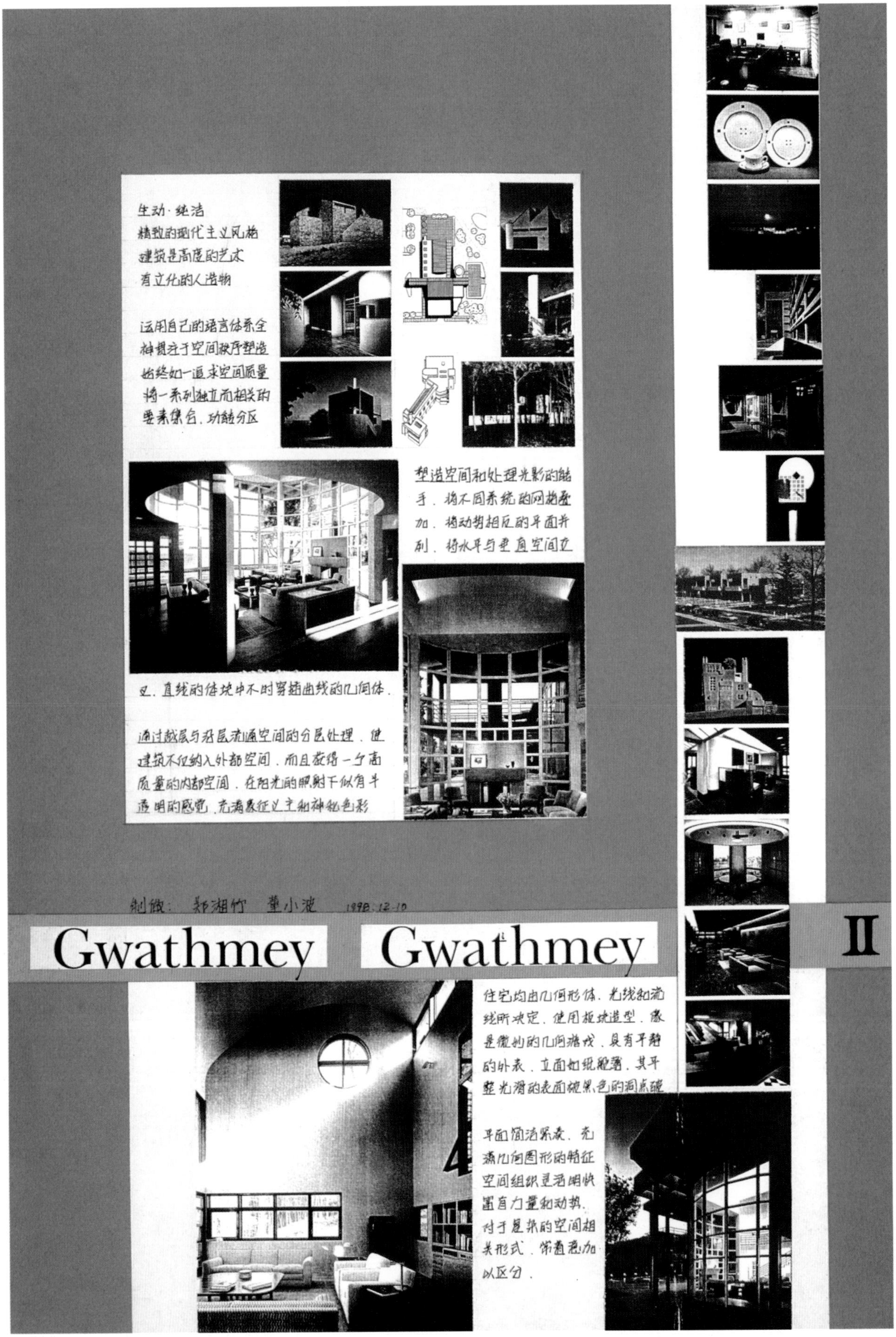

生动·纯洁
精致的现代主义风格
建筑是高度的艺术
有文化的人造物

运用自己的语言体系全
神贯注于空间秩序塑造
始终如一追求空间质量
将一系列独立而相关的
要素集合、功能分区

塑造空间和处理光影的能手，将不同系统的网格叠加，将动势相反的平面并列，将水平与垂直空间交叉，直线的体块中不时穿插曲线的几何体。

通过越层与跃层流通空间的分层处理，使建筑不仅纳入外部空间，而且获得一个高质量的内部空间，在阳光的照射下似有半透明的感觉，充满象征主义和神秘色彩

制做：郑湘竹 董小波 1998.12.10

Gwathmey Gwathmey

II

住宅均由几何形体、光线和流线所决定，使用板块造型，像是微妙的几何游戏，具有平静的外表，立面如纸般薄，其平整光滑的表面被黑色的洞点破

平面简洁紧凑，充满几何图形的特征
空间组织灵活明快
富有力量和动势，
对于复杂的空间相关形式，常着意加以区分。

图3–56 名家风范之三 作者：郑湘竹 董小波

Ⅲ

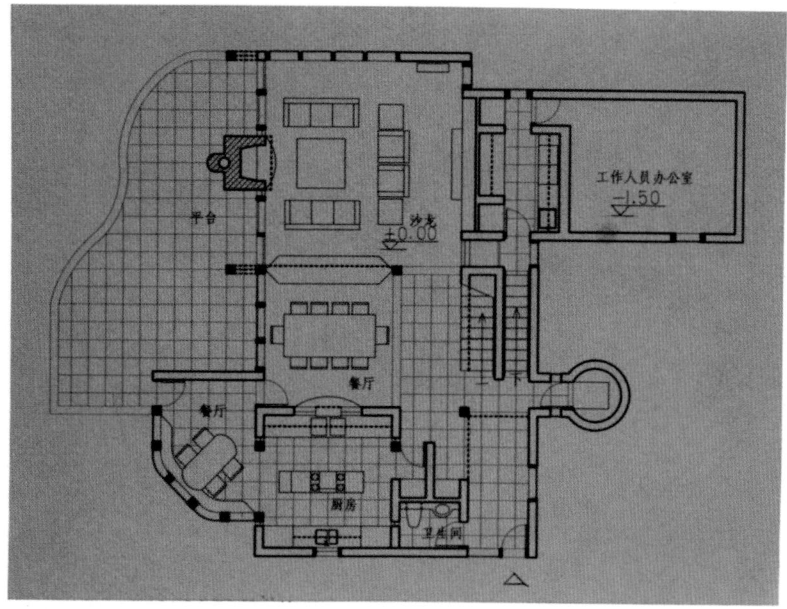

一层平面 1:100

二层平面 1:100

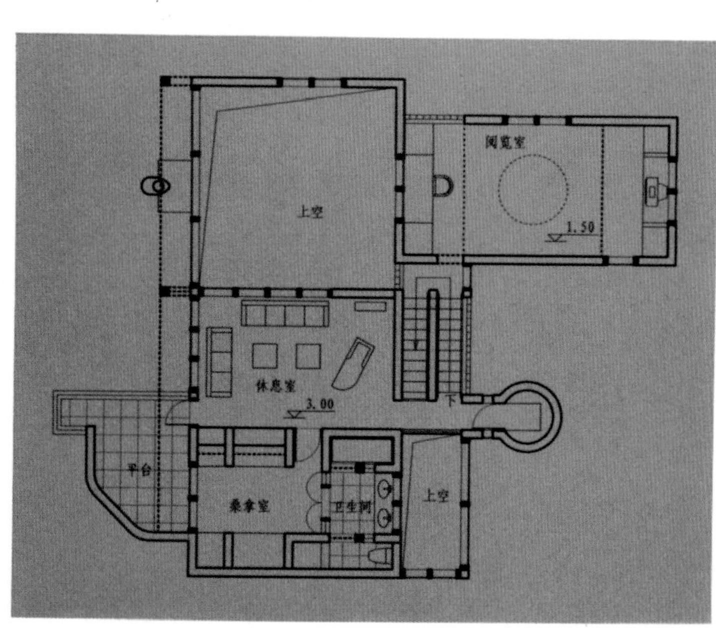

Gwathmey

制做：郑湘竹 董小波 1998.12.10

图3-57 名家风范之三 作者：郑湘竹 董小波

图3–58 名家风范之三 作者：郑湘竹 董小波

图3–59 名家风范之三 作者：郑湘竹 董小波

中國高等院校

THE CHINESE UNIVERSITY

21世纪高等院校艺术设计专业教材

建筑·环境艺术设计教学实录

行为心理学与室内设计

行为心理作业任务书

设计作业点评

CHAPTER 4

课程设计——行为心理

第四章 课程设计——行为心理

第一节 行为心理学与室内设计

一、人的行为特性

1.概述

如何对人们在室内的生活场所、环境和空间进行设计？如何考虑人的因素？对这个问题的回答，有的人想通过自己的工作经验和依赖直觉解决问题；而有的人将设计的程序模式化，采取所谓的按系统的方法进行规划与设计。无论采取哪一种途径，其构思决定和评价考虑的重要因素之一就是“人的行为”。就是说在设计空间过程中，一方面要预先想到使用者使用起来是否最方便；另一方面在进行设计方案的推敲时，像“功能分区”、“流线不交叉”这样一些问题一般也会很自然地被考虑到设计中去。

在设计中考虑人的行为因素自古就有，而对行为的研究成为一门科学则是在20世纪初。1924年美国科学院组织人员在芝加哥的霍桑工厂进行实验，以梅奥（MAYO）为首的一批哈佛大学心理学教授研究课题是：影响职工劳动效率的决定因素是什么？从而发现关键因素是人群之间的关系。发表了实验成果《工业文明中人的问题》，创立了“人群关系说”。从而奠定了行为科学的基础。而和我们设计相关的是环境行为学，它是行为科学的一个重要的分支。

人的行为看起来好像全都是无规律的行动，同时正是由于不同的个人行为的集合；才构成了社会生活。通过仔细的观察就会发现，人的行为其实是有一定的倾向和规律的。观察暂时的行为，会发现那里人们固有的特性。而从这些特性可以看出社会制度、风俗习惯以及城市的形态，或者影响建筑空间构成的一些因素。例如一面墙壁、一根柱子既能诱发行为，反之也能构成对行为的制约因素。总之，在空间中人的行为的集聚过程，内在的共同规律性或秩序，就是所谓的人在空间里的行为特性。

2.行为的定义

行为是为了满足一定的目的和欲望而采取的过渡行动状态，借助这种状态的推移可以看到行为的进展。为了完成这种行为，就要具备必需的功能空间。动作与行为相比，比较偏于生理的、身体的，相反行为则是意志决定的，多半含有精神的内容。虽然人体功效学的研究也都谈到行为，但是着重从动作方面进行研究。而行为科学的研究，则是着重从行为心理方面进行研究。

3.人的状态与行为

首先要指出，人的行为是通过状态来表现的。人的生活以及包围着它的社会每日每时每刻都在变化，没有一时一刻处于相同状态。这种状态变化在生活不发生故障的时候是正常的，或者叫做平常状态；当这种状态在生活中受到某些影响时，则会变为异常状态；而当异常状态进一步恶化，则表现出恐慌状态。这样，人在生活当中，存在着正常、异常、非常三种行为状态，并以各种状态表现其具有的行为特性。这三种状态是由于使状态变化的环境因素、行为因素接连不断地推移而产生的。

4.行为的把握

如何把握在空间里人的行为，我们认为可以从下列四个方面着手：空间的秩序、空间的流动、空间的分布以及空间的对应状态。所谓秩序，主要是指行为在时间上的规律性与一定的倾向性；流动则是指从某一点运动到另一点的（两点间的）位置移动；分布是说在某处确保其空间位置，或者说是空间定位；而状态则是说以什么样的心情进行活动的心理与精神的状态。

(1)空间的秩序

在具有一定功能的空间里，看得到的所谓人的行为，尽管每个人都不一样，但仍然会显示出有一定的规律性。

(2)空间的流动

在人的生活当中，按照行为目的改变场所的行动是频繁可见的。如在住宅里从一个房间到另一房间的移动；在公园里，从售票口—检票口—导游牌—游戏设施—休息处—别的游戏设施等一系列的移动。像这样由转移的行动所构成的序列流称为流动。通过观察可以发现，在空间里，这种流动量和模式具有明显的倾向性，这就是流动特性。人们重复沿着步行轨迹活动表现出来的就是〝动线〞，这是表示静态特性。可以在这个基础上把握流动途径、方向选择的倾向、途经的交叉点、建筑物入口处可见的候等行列情况以及随着时间而不断变化的流动状态。

流动是人们步行行动的中心。对这种步行行动进行观察，并根据对其进行定量性的表达，可以说明流动的特性。我们往往通过流动系数和断面交通量来进行表达。流动系数是表现人流性能的有效指标，表示在空间的单位宽度、单位时间内能通过多少人，是最明确表示人们与空间对应状态的关键性数值。

断面交通量是在单位时间内通过某一地点的步行者数量。知道了这个，空间的利用图形就明确了，就能够评价步行道路的宽度。在设计建筑物出入口的宽度时，了解断面交通量、高峰发生的时间、达到的大小程度，这是很重要的。

(3)空间的分布

人类情况不像在动物世界有〝势力范围〞那样清楚的界定。但是我们知道人们彼此之间的空间距离与当时的行为内容是保持一致的。在有一定广度的空间里，被人们所占据的某个空间位置，受到该空间构成因素如墙壁、柱等配置的影响，这是很明显的。掌握各人的空间定位，即把握人们在空间里的分布，可以通过现场观察去获得。如对交通终点广场、车站月台、旅馆的走廊、校园等地的等候行为与休息行为进行观察，便可获得人在空间中的分布情况。也可以通过切取某个时间断面，观察处于流动状态的人们在空间散布方式，也能掌握其分布的特性。得出的这种分布图形在比较狭窄的空间呈现线性分布，如步行道路（小路）、住宅区走廊、电车的座位、车站月台。在较宽阔的空间里，则呈现面状分布，如广场、建筑物内的门厅等。在建筑空间里，人的分布除了上面提到的呈现聚集的状态外，还存在任意分布的状态。而究竟是处于聚集还是处于任意分布，则取决于空间构成要素和同他人的距离这两个因素。

(4)与空间的对应状态

在某一个地点，人们与空间之间虽说是对应关系，但是不一定全都能定量地表现出来，空间带给人的心理感受却是可以描述的，愉悦的空间、沉闷的空间、动的空间、静的空间等等。

5.人的行为习性

在日常生活中，人们都带着各自的行为习性，当成为集体时，则以人群的习性表现出来。

(1)左侧通行

现在一般的城市街区右侧通行可以说是为了遵守面对汽车的交通规则，而在没有汽车干扰的道路和步行者专用道路、地下道、站前中心广场等地，在路面密度达到每平方米0.3人以上的时候，则常采取左侧通行，而单独步行的时候，沿道路左侧通行的例子则更多。这是因为我们身体存在左右不对称情况，大多数人在日常生活中表现为右利现象，如习惯于用右手。在人多的情况下，处于自我保护的本能，我们会把右侧暴露在外面，也就形成了左侧通行。这也造成了在公园、游园地、展览会场处，从追踪观众的行为并描绘其轨迹图来看，很明显会看到左转弯的情况比右转弯的情况要多得多。

(2)捷径反应

人们在清楚地知道目的地所在位置时，或者有目的移动时，总是有选择最短路程的倾向。所谓无意中确定下来的通过路线、上学路线往往就是人们无意中选择的近路。吉尔布雷斯称之为"动作经济原则"。这种现象在日常生活中也有不自觉的应用。例如伸手取物往往直接伸向物品，上下楼梯往往靠扶手一侧，穿越空地往往走斜线等，这些行为可称为捷径反应。有人调查在没有目的的闲逛时，人们往往首先选择下坡、下楼的方向。同时存在天桥和地道的情况下，多数人选择地道而很少人走天桥，实际上两者消耗的能量差不多。公共车辆和公共场所出入口处聚集人较多，也是捷径反应心理造成的。

紧张繁忙的交叉路口可以作为人们操近路习性，有效利用空间的最好的例证。在这里人们对于人行天桥的评价是不佳的，总感觉不但要被迫绕远到指定的位置，而且上下天桥楼梯还要消耗能量，所以在交叉路口人的穿越行为与交通管理者的意愿往往是相违背的。

(3)识途性

当不明确要去的目的地所在地点时，人们总是边摸索边到达目的地；而返回时，又追寻着来路返回，这种情况是人们常有的经验。当灾害发生时，本能的行为特性之一就是归巢本能，这也就是所说的识途性。为了保卫自身的安全，选择不熟悉的路径，不如按原来的道路返回，利用日常经常使用的路径便于安全逃脱。

(4)非常状态时的行为特性

人们在遇到紧急情况或灾害时所表现出来的行为状态我们称之为非常状态。这时候的行为特性表现为：躲避行为、向光行为和同步行为。躲避行为是说，当发觉灾害等异常现象时，为了确认而接近，一旦感觉到危险时，由于反射性的本能，会不顾一切地从该地向反方向逃逸的行为。而向光行为则是在眼前什么也看不清的时候，或者处于黑暗状态时，人们具有向着稍微亮的方向移动的倾向。

在非常状态时人们又会追随带头人，追随多数人流的倾向，人在遇到自己难以判断和难以接受的事态时，往往使自己的态度和行为同周围相同遭遇者保持一致，这叫同步行为。自我意识薄弱，对威胁和强迫的抵抗力较差的人，同步倾向很强，其表现多为被动的、受暗示的、服从权威的。一般女性比男性更容易采取同步行为。所以在发生灾难时，带头人冷静的判断力就显得十分重要。人类在亲密交谈或从事同一工作中，也会有同步现象，例如同行者步伐一致，交谈者姿势的一致等。人类的同步行为在人的社会学习，由"自然人"演化为"社会人"的过程中起到很大作用。

二、人的知觉特性

人类学家爱德华·T·霍尔(Edward. Hall)在《隐匿的尺度》一书中，分析了人类最重要的知觉以及它们与人际交往和体验外部世界有关的功能。根据霍尔的研究，人类有两类知觉器官：距离型感受器官——眼、耳、鼻和直接型感受器官——皮肤和肌肉。这些感受器官有不同程度的分工和工作范围。

就我们现在的研究主体空间而言，距离型感受器官的特性对设计有着特殊的重要性。所以我们会从以下几个方面来了解人的知觉特性。

1.嗅觉

嗅觉只能在非常有限的范围内感知到不同的气味。只有在小于1米的距离以内，才能闻到从别人头发、皮肤和衣服上散发出来的较弱的气味。香水或者别的较浓的气味可以在2～3米远处感觉到。超过这一距离，人就只能嗅出很浓烈的气味。

2.听觉

听觉具有较大的工作范围。在7米以内，耳朵是非常灵敏的，在这一距离进行交谈没有什么困难。大约在35米的距离，仍可以听清楚演讲，比如建立起一种问答式的关系，但已不可能进行实际的交谈。超过35米，倾听的能力就大大降低了。有可能听见人的大声叫喊，但很难听清他在喊些什么。这时候的交流往往只能通过肢体语言了。如果距离达1 000米或者更远，就只能听见大炮声或者高空的喷气飞机这样极强的噪声。

3.视觉

视觉具有更大的工作范围，可以看见天上的星星，也可以清楚地看见已听不到声音的飞机。但是，就感受他人来说，视觉与别的知觉一样也有明确的局限。

4.社会性视阈

在500～1 000米的距离之内，人们根据背景、光照，特别是所观察的人群移动与否等因素，可以看见和分辨出人群。在大约100米远处，在更远距离见到的人影就成了具体的个人。所以0～100米这一范围可以称之为社会性视阈。下面的例子就说明了这一范围是如何影响人们行为的。

在人不太多的海滩上，只要有足够的空间，每一群游泳的人都自行以100米的间距分布。在这样的距离，每一群人都可以察觉到远处海滩上有人，但不可能看清他们是谁或者他们在干些什么。

在70～100米远处，就可以比较有把握地确认一个人的性别、大概的年龄以及这个人在干什么。这样的距离常常可以根据其服饰和走路的姿势认出很熟悉的人。70～100米远这一距离也影响了足球场等各种体育场馆中观众席的布置。例如，从最远的坐席到球场中心的距离通常为70米，否则观众就无法看清比赛。

距离近到可以看清细节时，才有可能看清每一个人。在大约30米远处，面部特征、发型和年纪都能看到，不常见面的人也能认出。当距离缩小到20～25米，大多数人能看清别人的表情与心绪。在这种情况下，见面才开始变得真正令人感兴趣，并带有一定的社会意义。一个相关的例子是剧院。剧场舞台到最远的观众席的距离最大为30～35米。在剧场中，一些重要的感情都能得到交流。尽管演员能通过化装和夸张的动作等方式来"扩大"视觉表现，但为了使人们完全理解剧情，观众席的距离还是有严格限制的。

如果相距更近一些，信息的数量和强度都会大大增加，这是因为别的知觉开始补充视觉。在1～3米的距离内就能进行一般的交谈，体验到有意义的人际交流所必需的细节。如果再靠近一些，印象和感觉就会进一步得到加强。

5.距离与交流

感官印象的距离与强度之间的相互关系被广泛用于人际交流。非常亲密的感情交流发生于0～0.5米这一很小的范围。在这个范围内，所有的感官一齐起作用，所有细枝末节都一览无余。较轻一些的接触则发生于0.5～7米这样较大的距离。

几乎在所有的接触中都会有意识地利用距离因素。如果共同的兴趣和感情加深，参与者之间的距离就会缩短，人们会走得更近或在椅子上向对方靠拢，气氛就会变得更加"亲切"和融洽。相反，如果兴致淡薄了，距离就会拉大。例如，谈话进入尾声，距离就会拉大。如果参与者之一希望结束交谈，他就会后退几步。另外，语言也反映了接触的距离与强度之间的联系，比如"亲近的朋友"、"近亲"、"远亲"、"与某人保持一段距离"等说法。

距离既可以在不同的社会场合中用来调节相互关系的强度，也可用来控制每次交谈的开头与结尾，这就说明交谈需要特定的空间。例如，电梯空间就不适合于邻里间的日常交谈，进深只有 1 米的前院也是如此。在这两种情况下，都无法避免不喜欢的接触或者退出尴尬的局面。另一方面，如果前院太深，交谈也无法开始。

6.社会距离

动物有领地的概念，人也有"个人空间"，这一空间随着环境、社会文化和背景而发生变化。当个人空间受到侵犯时，人们会有回避、尴尬、狼狈等反应，有时还会引起不快。

(1)亲密距离

指与他人身体密切接近的距离,共有两种。一种是接近状态,指亲密者之间发生的爱护、安慰、保护、接触、交流的距离。另一种为正常状态（15～75厘米），头脚部互不相碰，但手能相握或抚触对方。在各种文化背景中，这一正常亲密距离是不同的，例如美国人认为，在公众场合下与非亲密者要避免出现上述两种亲密距离，所以在拥挤的电车、地铁中，当不得不进入这种距离范围时，会有相互的躲避行为，如：身体尽量少动；当身体与他人相触时，马上缩回；视线投向远方而不看附近的人等。

(2)个人距离

指个人与他人间弹性距离，也有两种状态。一种是接近态，是亲密者允许对方进入的不发生为难、躲避的距离，但非亲密者（例如其他异性）进入此距离时会有较强烈反应。另一种为正常态（75～100厘米），是两人相对而立，指尖刚能相触的距离，此时身体的气味、体温不能感觉，谈话声音为中等响度。

(3)社会距离

指参加社会活动时所表现的距离，它的两种状态是接近态为120～210厘米，通常为一起工作时的距离，上级向下级或秘书说话便保持此距离，这一距离能起到传递感情的作用。正常态为120～360厘米，此时可看到对方全身，有外人在场继续工作也不会感到不安或干扰，为业务接触的通行距离。正式会谈、礼仪等多按此距离进行。

(4)公众距离

指演说、演出等公众场合的距离，其接近态约360～750厘米，此时须提高声音说话，能看清对方的活动。正常态7.5米以上，这个距离已分不清表情、声音的细致部分，为了吸引公众注意，要用夸张的手势、表情和大声疾呼，此时交流思想主要靠身体姿势而不是语言。

第二节 行为心理作业任务书

一、教学要求和目的

1.在设计中树立以人为本的理念。

2.了解行为心理学的相关内容以及对设计的影响。

3.了解综合分析的研究方法。

二、设计任务

从大量人的行为范畴中提炼出对具有普遍意义和研究价值的具体行为和心理状态，它们分别是：运动和停留、兴奋和沉闷、高效和休闲、安静和喧闹，要求运用所学的知识综合分析，收集完成六个以上（包括六个）设计技法的简图示意，并配以文字评述。

三、成果要求

图纸规格为A2，具体表现手法不限。

四、进度安排（见表4-1）

五、参考书目

1.《建筑环境心理学》常怀生著，中国建筑工业出版社。

2.《交往与空间》杨·盖尔著，何人可译，中国建筑工业出版社。

3.其他有关行为心理学的资料。

表4-1

	一	四
第一周	发题，讲课	查资料
第二周	读书报告交流，初步确定作业主题	设计深入
第三周	绘图	绘图，交成果

第三节 设计作业点评

1.该生运用环境设计的各个要素包括空间、色彩、光线、家具、材质等对命题对行分析和比较，较全面地整理出该命题所要求的研究范畴，今后可在此基础上进一步归纳和总结，可形成相对完整的理论体系（图4–1、4–2）。

2.该生从空间特征、光色运用、材料表情以及色彩性格等方面对让人兴奋的空间和让人沉闷的空间中具体手法的运用作了分析，体现了较强的分析、归纳的能力（图4–3～4–5）。

3.该生通过丰富的实例，提出由于设计手法的不同，从而导致空间氛围有安静和喧闹之分，对设计手法作了细致深刻的分析，资料丰富详实（图4–6～4–10）。

4.该生从心理学的角度入手，对紧张和舒适进行了描述，并通过三个实例提出了：舒适和紧张两种情绪都是我们内心需要的，而也正是利用空间中的紧张感，激发了人的活力，从而更加凸显空间。观点独特，分析深刻（图4–11、4–12）。

图4–1 行为心理作业之一 作者：李岚

图4–2 行为心理作业之一 作者：李岚

图4-3 行为心理作业之二 作者：颜隽

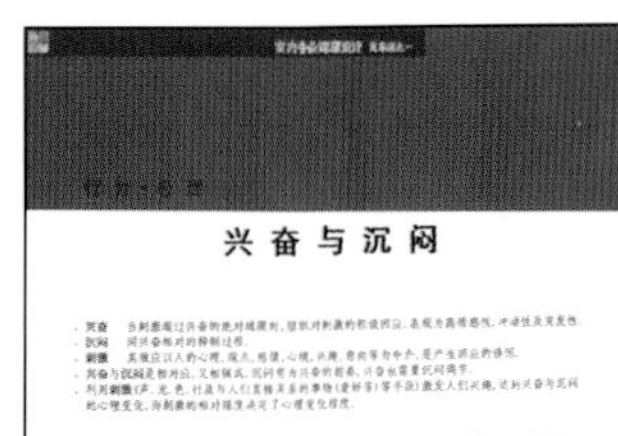

兴 奋

空间构成

- **焦点空间**

标点空间　在长廊等大量重复形象之后，标点空间提供一个视觉停留符号，从流动到停留的改变，引起兴奋。

设立空间　广阔平坦空间中的高耸物，成为这一空间的中心，引起人们的视觉兴奋

- **非对称空间**

除了向心、离心以外，有较多倾向性的空间，动感丰富，以动感吸引人，现代建筑空间中大量使用

面的艺术

- **趣味性的面**　界面处理时采用有趣的图案，或引起人们的联想或点明空间主题。
- **重复与变异**　大量重复元素中的变异元素，引人注目。
- **图案化的面**　用明确的几何图案、浓烈的色彩，使空间活跃，并给人们以强烈的感受。

光的影的运用

- **强烈的光影对比**
  "黑夜中的一点灯光，给夜行者以兴奋和温暖。"
- **光怪陆离的光色**
- **灯具的运用**
  凭借灯具及与其他装修构件的组合（如柱式、绿化、水体）呈现多姿多彩的艺术效果。

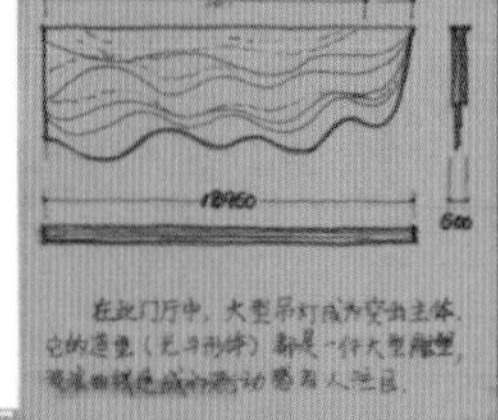

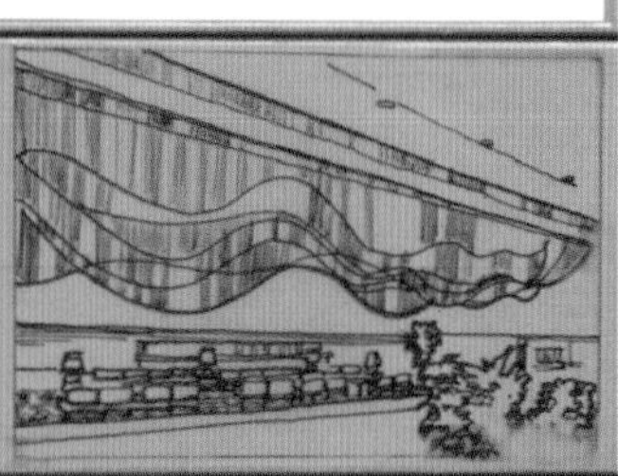

材料

- **光滑的材料**　镜面材料反射光影，增加空间的活泼感、流动感，而对比强的多种材料的组合也丰富了界面
- **生命材料**　如木材、砖块等材料有自然气息，充满生命力，会使空间的更有生机。

色彩

- **强烈的对比**

色相对比　补色对比时，色相不变，彩度增高，如"万绿丛中一点红"。

明度对比　明度不同的二色相邻，在低明度的衬脱下，高明度更亮，引起兴奋。

彩度对比　高低彩度相邻，彩度高的更鲜艳，成为人们的兴奋点。

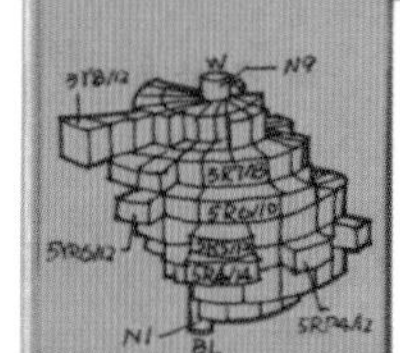

- **兴奋色**
  在单种色彩中，红、黄、橙色的刺激强，给人以兴奋感，因此称为兴奋色。

摆设与装饰

- **自然景物**
  利用植物、水景等特有的自然曲线、多姿的形态、柔软的质感、悦目的色彩和生动的影子，打破建筑直线形的生硬感，柔化空间。
- **象征性中心**
  如放置摆设的壁炉或神龛，自然成为空间的重点，往往是使用者赋予其意义的。
- **怪异的装饰物**
  突破常规的装饰可吸引人的注意力。

行为 • 心理　PREVIOUS　NEXT

图4-4 行为心理作业之二 作者：颜隽

沉闷

封闭空间

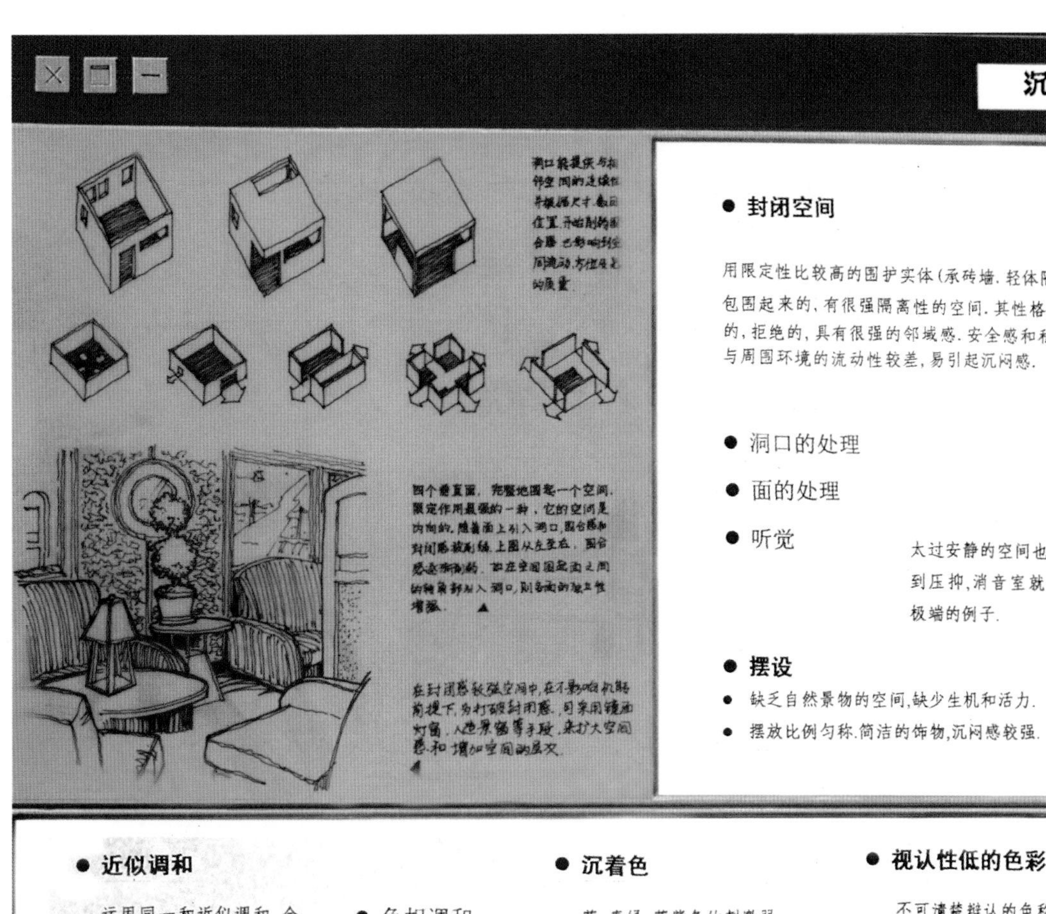

● **封闭空间**

用限定性比较高的围护实体(承砖墙. 轻体隔强等)包围起来的, 有很强隔离性的空间. 其性格是内向的, 拒绝的, 具有很强的邻域感. 安全感和私密性. 与周围环境的流动性较差, 易引起沉闷感.

● 洞口的处理

● 面的处理

● 听觉

太过安静的空间也让人感到压抑, 消音室就是一个极端的例子.

● **摆设**

- 缺乏自然景物的空间, 缺少生机和活力.
- 摆放比例匀称. 简洁的饰物, 沉闷感较强.

色彩

● **近似调和**

运用同一和近似调和, 会有统一感和调和感, 但缺乏变化. 如运用一定的对比能获得较好的效果.

● 色相调和

● 明度调和

● 彩度调和

● **沉着色**

蓝. 青绿. 蓝紫色的刺激弱, 给人们以沉静感.

● **视认性低的色彩**

不可清楚辩认的色称为视认性低的色彩. 这是由于背景色与其对比弱的原因.

光

● **昏暗灯光** 昏暗的灯光效果创造了安静的空间.

● **柔和的光色** 光影效果弱, 对比不强的空间

材料

● **无生命材料**

混凝土等材料不如木材砖块类材料有自然气息, 材料缺乏生命力, 会使空间的生硬. 沉闷感增加.

● **粗糙的材料**

就单一材料而言, 未抛光石材等粗糙的材料给人们以沉重感. 实在感, 较为沉闷.

构成

● **空间的对称性** 较少倾向性, 采用四面对称或左右对称, 达到静态的平衡.

● **空间的体量** 如由于面积过大而层高过低或由于尺度失调等原因引起空间的压抑感.

● **空间重复性** 空间内某些元素重复过多而引起人们厌烦如过长的走廊等线性空间, 易引起沉闷感.

PREVIOUS

行为 • 心理

图4—5 行为心理作业之二 作者：颜隽

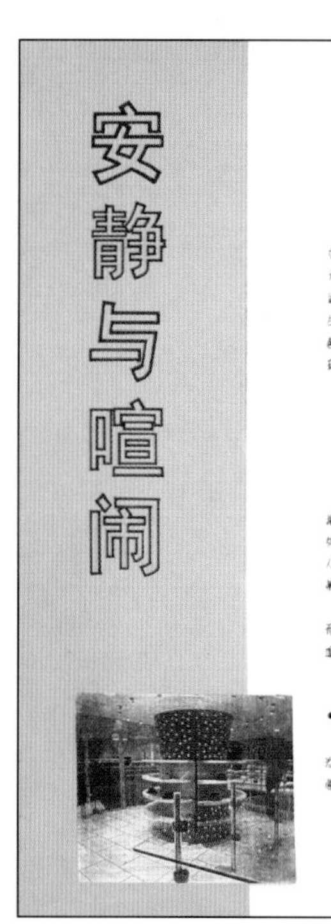

安静与喧闹

物质的创作是为了服务于人类，室内设计亦是为人创造环境。

安静与喧闹就是一对人的行为和心理，亦是室内环境的一对性格。

建筑的审美特征，主要是它的环境气氛、造型风格和象征涵义。它给人以情感意境，如愉悦感受和联想。人们置以生存的活动的空间环境无论是斗室、小巷，或是庭院、广场，人置身于其间，必然受到环境气氛的感染而产生种种审美的反应。因而空间的性格就是空间环境在人的生理和心理上反应的人格化。不同的室内环境能使人产生安静与喧闹、舒适与紧张等行为和心理。同样，人的主观能动性又能影响和改变室内环境，使其适应一定的要求。

人与环境的交互作用可表现为下列关系：

环境因子 —作用→ 人体感官 —产生→ 知觉效应 —表现→ 外显行为 —改造→
所处环境 —构成→ 新的环境

安静与喧闹是人们在日常生活中经常出现的行为和心理。它们不仅指单纯的可听声的大小强弱，更是刺激进入人体感官、神经系统，由外界的刺激进入大脑神经中枢，形成一种心理体验。在安静的环境中，人们心情平静，可集中思想，或思考或阅读。而在喧闹的环境中，人的情绪被充分地调动起来，产生兴奋感。

一般光线、单纯、私密、具有围合性的室内能使人产生安静的心理，而繁杂多样、开放、具有参与性的室内能让人产生喧闹的心理。安静与喧闹就是在这些因素之间建立一对必要的张力。

• 单纯与复杂

单纯化是人在接受对象时的基本范畴。人有要求单纯化的心理，因为单纯的刺激容易被人认知，也易于记忆。单纯化表现为秩序，而复杂性则是感性的表现，因为人总有要求刺激的心理。

单纯与复杂具体分为少与多，明形与冲突。

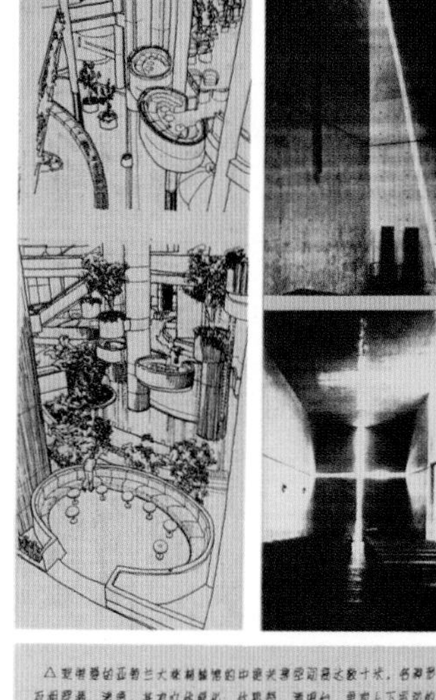

△安德鲁的亚特兰大咏树酒店的中庭共享空间高达数十米，各种形体互相穿插、渗透，其有立体绿化、休息座、酒吧台、穿梭上下的观光电梯井、纵横交错的天桥、喷泉水池，配置以彩色灯光令人应接不暇。诸多元素两并一堂，全室内充满喧闹热烈的气氛。

右图为光之教堂 ◁

图4-7 行为心理作业之三 作者：王静

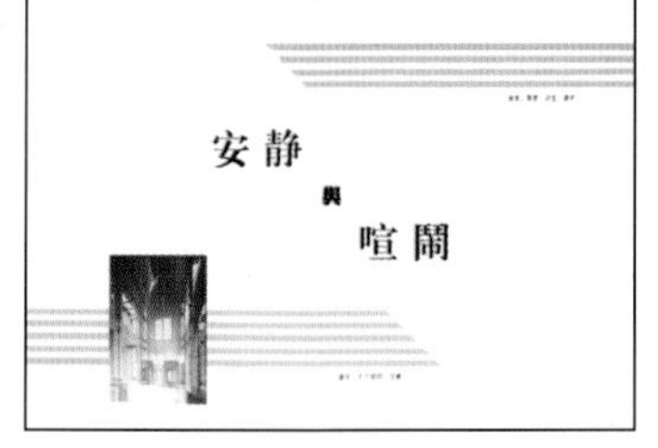

图4-6 行为心理作业之三 作者：王静

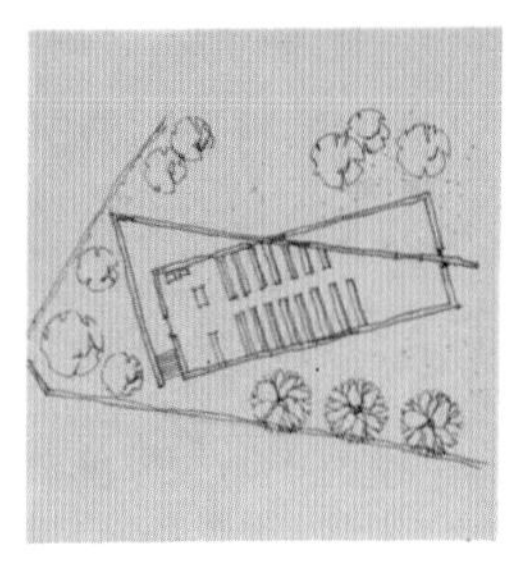

△安藤的光之教堂体现"少就是多"的典范。纯粹几何形体的穿插，简洁的室内平面，没有装饰，素面的混凝土墙平整光滑，仅给建筑一个巨大的光十字作为整个室内的主题。在这儿，只有超脱凡尘的宁静和绝对虔诚的信仰。

■ 少和多

现代建筑大师密斯的名言"少就是多"充分体现了单纯化的原则。一元化的构成只有一个主题，人的注意力一旦集中在这个主题上后，便不再分散。刺激人的因素越少，大脑接受的信息就越少，相对来说，人的注意力也更能集中，因而能感到安静。

相反，如果室内元素增多，对人的兴奋点增多，大脑接受的信息量剧增，造成大量的刺激性的活跃。在二元化甚至多元化的室内，人们的注意力被多个主题牵引，注意力不能长久地停留在一个地方，于是在大脑中就会产生喧闹的感觉，从而影响人们的行为，带动了整个室内的热闹气氛。

■ 明形和冲突

人识别外物形态的基本是要把形象从背景中区分出来，如果区分不出，形象含混不清，认知的过程就不能存在。这和认知过程在感知心理学中叫做明形。

即使室内元素很多，如果使用相同或相近的手法将这些元素组织起来，使成为一个整体，同样达到单纯化的目的，形成安静的室内。

如果各元素间不能调和，每个元素似乎都带有张量，都向周围扩张或收敛，意图吸引人的注意，形成喧闹，彼此之间互相竞争于我，各不干涉。

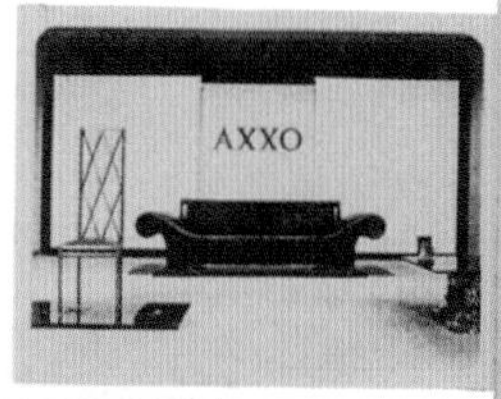

◁空旷的室内，摆放几件家具，幽静安然、无张扬感。

安静与喧闹

◁左图中各种元素林立，弧形与凹凸形天花吊顶冲突，深色大理石地面与浅色地毯，白色走廊对比，金属栏杆与软包家具冲撞。

◁右图中大大小小的圆形特异图形争奇，令人目不暇给，热闹非凡。

图4-8 行为心理作业之三 作者：王静

安静与喧闹
私密和开放
开与闭
凹与凸

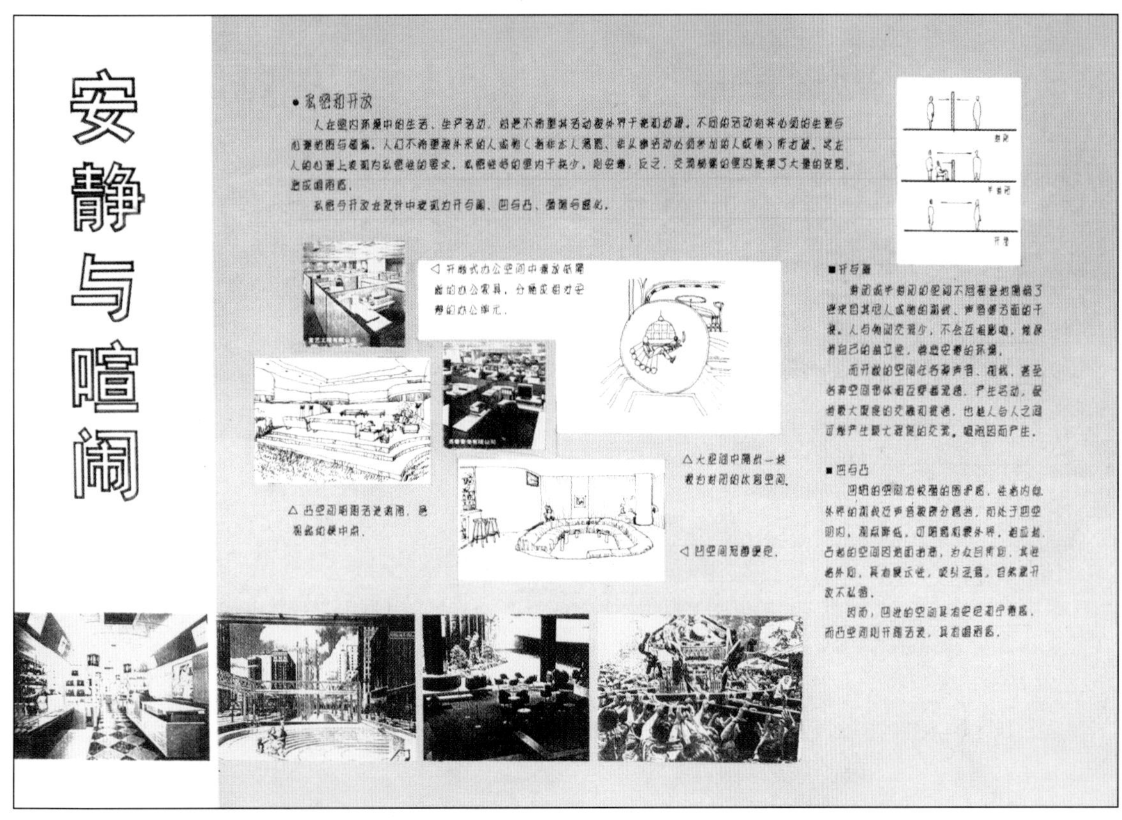

图4–9 行为心理作业之三 作者：王静

安静与喧闹
强调与虚化
非理性的心理诱因

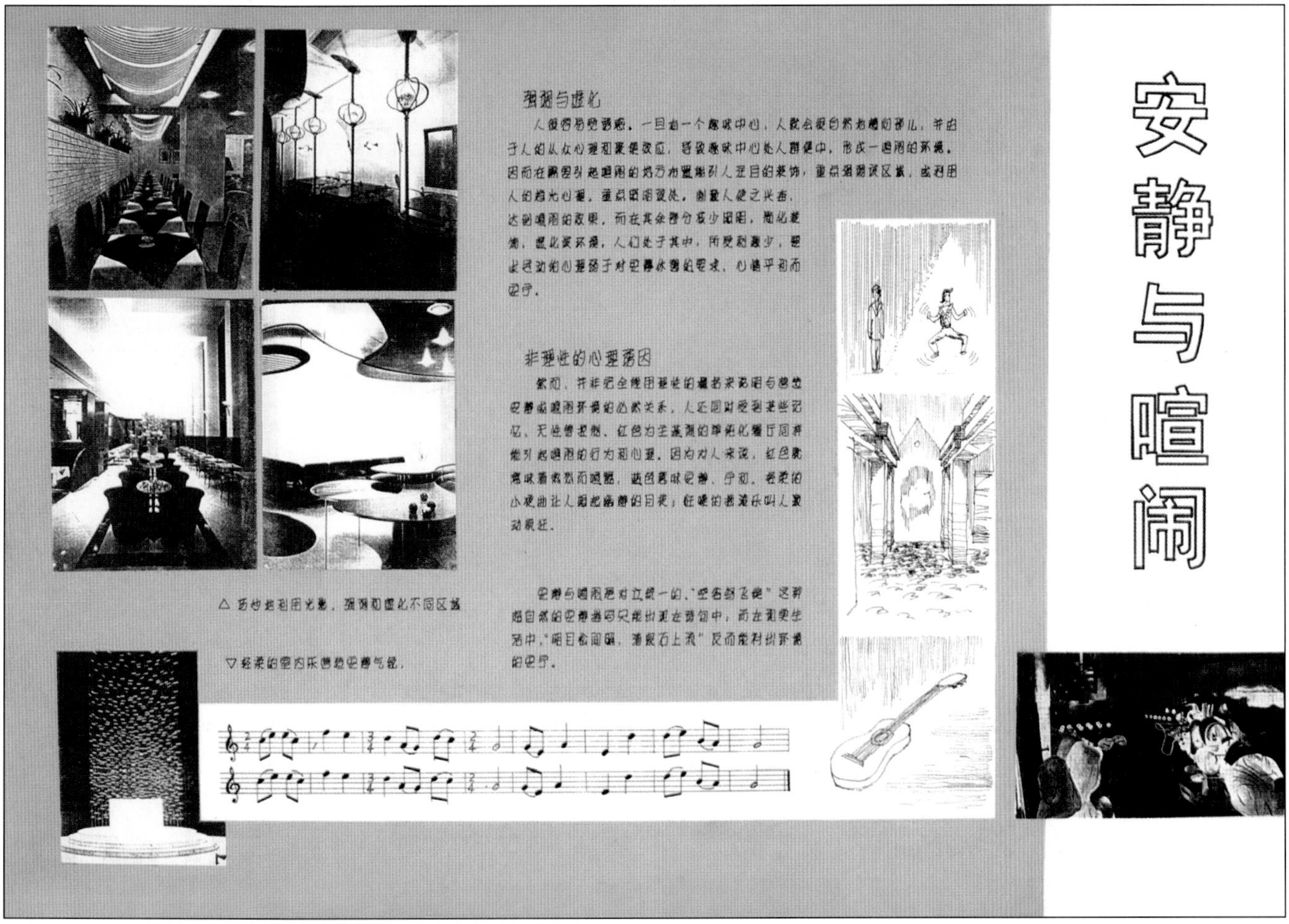

图4–10 行为心理作业之三 作者：王静

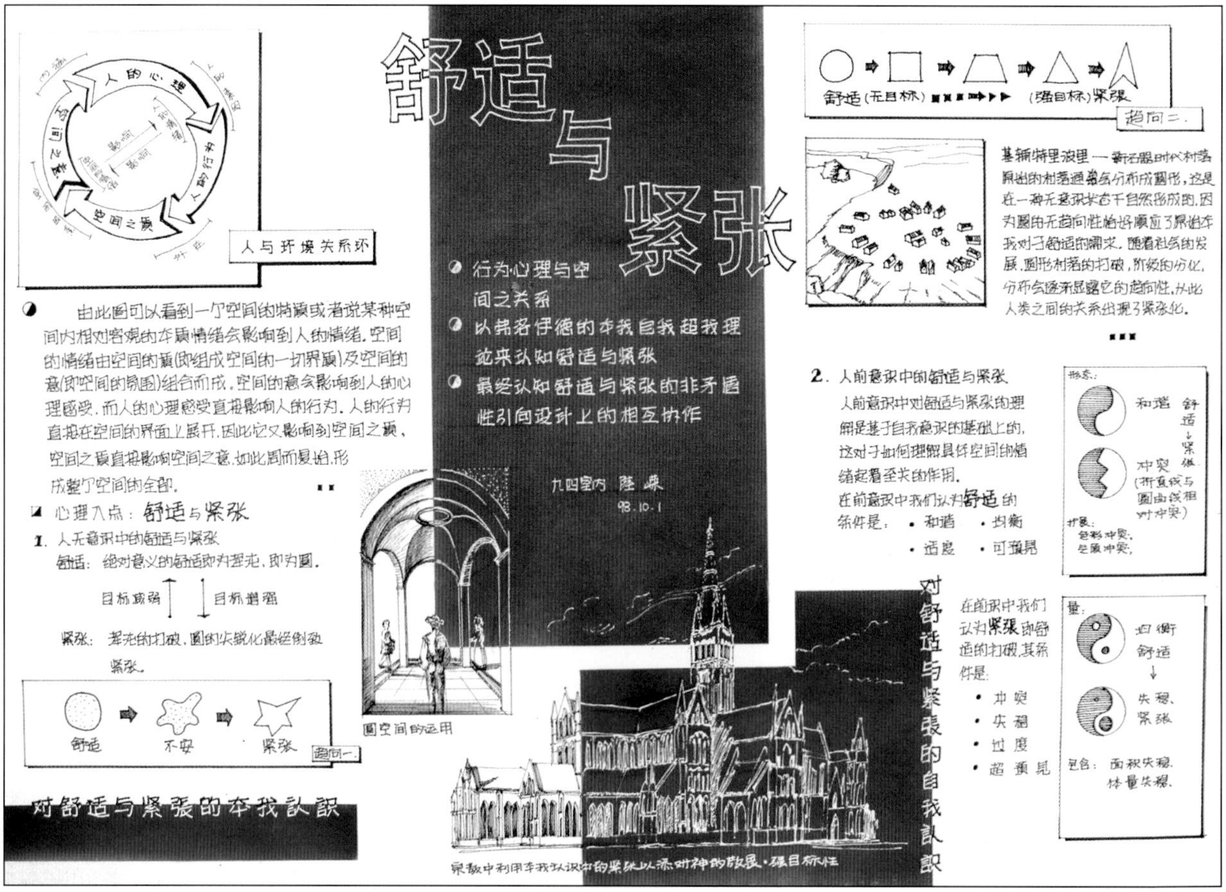

舒适与紧张

人的心理 → 人的行为 → 空间之貌 → 空间之意

人与环境关系环

◐ 由此图可以看到一个空间的特质或者说某种空间内相对客观的本质情绪会影响到人的情绪。空间的情绪由空间的貌(即组成空间的一切界面)及空间的意(即空间的氛围)组合而成。空间的意会影响到人的心理感受，而人的心理感受直接影响人的行为。人的行为直接在空间的界面上展开，因此它又影响到空间之貌，空间之貌直接影响空间之意，如此周而复始，形成整个空间的全部。

◪ 心理入点：舒适与紧张

1. 人无意识中的舒适与紧张

舒适：绝对意义的舒适即为理想，即为圆。

目标减弱 ↑ ↓ 目标增强

紧张：理想的打破，圆的尖锐化最终的极致。

舒适 → 不安 → 紧张　趋向一

对舒适与紧张的本我认识

◐ 行为心理与空间之关系

◐ 以弗洛伊德的本我自我超我理论来认知舒适与紧张

◐ 最终认知舒适与紧张的非矛盾性引向设计上的相互协作

九四室内 陆嵘 98.10.1

圆空间的运用

宗教中利用本我认识中的紧张以添对神的敬畏·强目标性

舒适(无目标) → (强目标)紧张　趋向二

基韦特里波里——新石器时代村落原始的村落通常分布成圆形，这是近一种无意识状态下自然形成的。因为圆的无趋向性恰好顺应了原始本我对于舒适的需求。随着社会的发展，圆形村落的打破，阶级的分化，分布会逐渐显露它的趋向性，从此人类之间的关系出现了紧张化。

2. 人前意识中的舒适与紧张

人前意识中对舒适与紧张的理解是基于自我意识的基础上的，这对于如何理解具体空间的情绪起着至关的作用。

在前意识中我们认为舒适的条件是：·和谐 ·均衡 ·适度 ·可预见

在前意识中我们认为紧张即舒适的打破，其条件是：·冲突 ·失衡 ·过度 ·超预见

形态：和谐 舒适 ↓ 紧张 冲突(折直线与圆曲线相对冲突)

打破：色彩冲突；尺度冲突。

量：均衡 舒适 ↓ 失衡、紧张

包含：面积失衡、体量失衡。

对舒适与紧张的自我认识

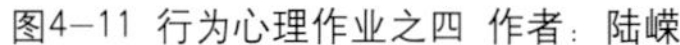
图4—11 行为心理作业之四 作者：陆嵘

九四室内
陆嵘
指导教师
陈易
左琰
首少文

宽窄适度(舒适)→(紧张)宽窄过度

在体量、数量、长度、面积、色彩、明亮度等各个方面的过度处理都会导致紧张感的产生。

适度与过度

可预见(舒适)→(紧张)超预见

预见性可否

3. 人意识中的舒适与紧张

意识是对表象最直接的感知，在现实的空间中，我们不可能将对象割裂开去审美，诸多因素共同参与，彼此协作，而人在超我意识中会寻找到合于自身的平衡点。

• 没有绝对舒适的空间，没有绝对紧张的空间

舒适：盲目、困乏、不期而至

紧张：兴奋、顽藏、相约而来

舒缓紧张 打破沉闷 新平衡点。

舒适与紧张相对性

心理学基础：

弗洛伊德将人的精神划为三方面，即无意识、前意识、意识，将人格分为三方面，即本我、自我、超我。

• 无意识：潜在的意识趋向，无法感知的原动力。

• 前意识：能成为表达的可能的意识。

• 意　识：最为直观表象的感知。

透过本我的原动力，寻找心理行为的起因，通过自我的可控制，理解表达原动力的方式，以超我的意识认识情绪的多重确避，平衡人与空间，达到最佳点。

某游泳池中心

对舒适与紧张的超我认识

◐ 最终我们在超我的境界中意识到，舒适与紧张本生并不矛盾，我们的审美需它们的融合，因为这两种情绪我们内心深处都需要。

现实分析：

从某种程度上说，该泳池中心超大而圆形张力的支柱和天棚，显示了一种紧张感，上大下小的支柱有失稳倾向，但正是这种因素激发了人的活力。

众所周知该美术馆可以说成为一条上升的画廊，若展开其廊，必定是一条长度过度的廊，中庭望去一条螺旋被没有断点，令人感到有些紧迫，但这种延绵不绝的生长力着实令人欣赏。

古根汉姆美术馆内庭▲

平整的墙突然破了，这不是我们所能预见的，顿时的紧张感更提了我们的兴趣，最终形成的虽然不能称为舒适，但我们却可以说感觉好极了。

休林珠宝店门面▶

舒适与紧张

行为·心理

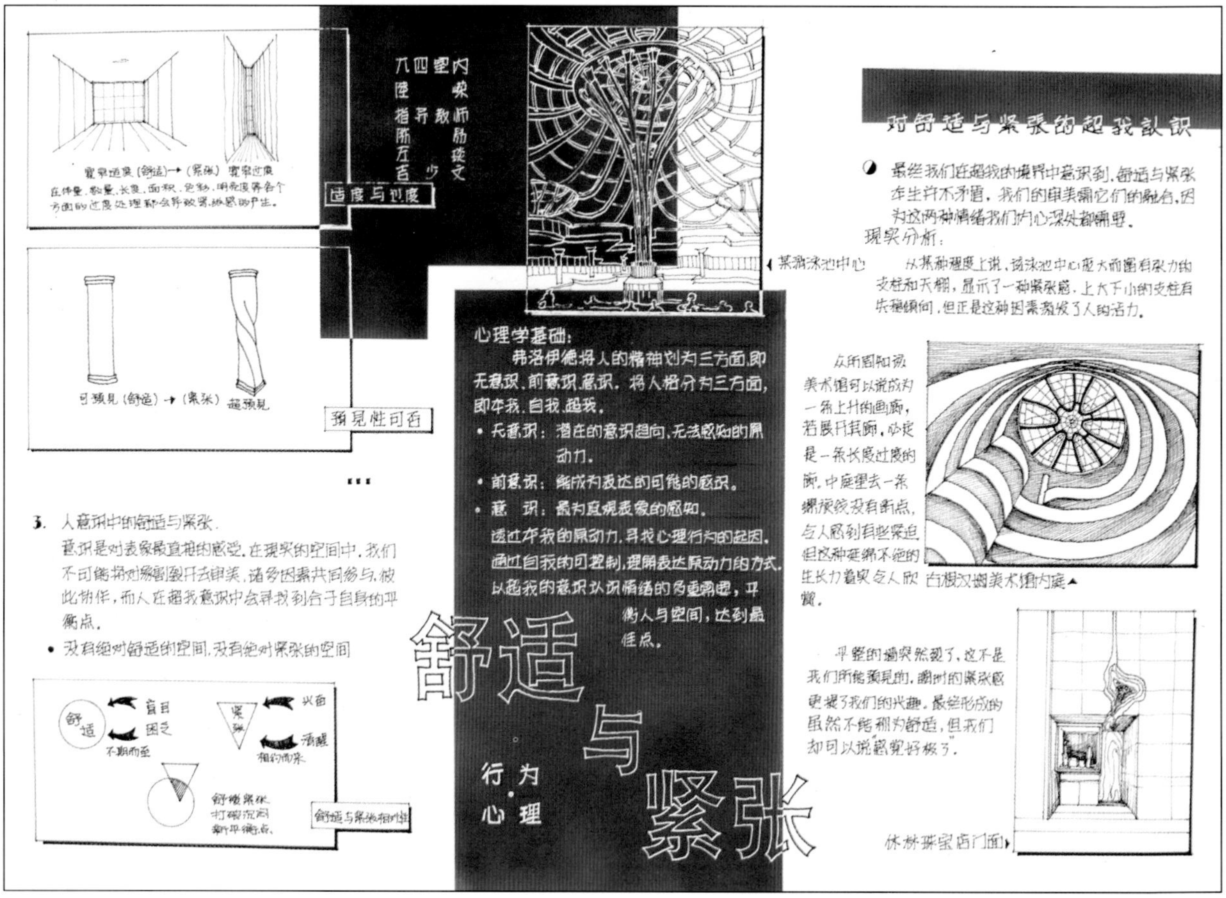

图4—12 行为心理作业之四 作者：陆嵘

细部研究
材料细部作业任务书
设计作业点评

CHAPTER 5

课程设计——材料·细部

第五章 课程设计——材料·细部

第一节 细部研究

一、何谓细部

要使一个室内设计获得美学趣

味，细部感觉是不可缺少的部分，它对于审美选择和复杂的评论过程来说都是基础，在设计师的头脑中，从未把“细部感觉”单独作为一个可分割的部分存在过，那么“细部”是什么呢?茶壶是细部吗？凹雕，木模的压制图案是细部吗？如果它自身不是一个小而完整的形式，是一种细部吗？人们应该如何理解细部？是按照构成它的更多细部么？可见这是一个永无止境的过程。

1.面临的问题

建筑风格和建筑师的设计理念成为大众关注的焦点，同时也是设计的核心。因为对于大多数人来说，抽象的概念比建造的技术更为有趣和时尚，而理所当然的细部设计受到了轻视。另一个方面，在设计过程是缺乏对细部的深思熟虑，一种错误的想法就是认为细部的设计仅仅是展现个人设计的技巧。其实一个真正细部的实现并非完全由坐在办公室里的建筑师和工程师决定的，它需要多方的配合与合作，包括材料供应商、生产厂家，甚至技术工人等，所以细部设计是一个交流共享的过程。而且应把它看做是合作和集体劳动的成果。例如，隈研吾在做那须历史探访馆时，为找到一个方法来制作自重很轻的、可动的遮光板,就是经过和泥瓦匠的多次探讨，进行了无数次的试验，终于发现可以把稻秸草用建筑胶粘结在强化合金铝材料上，做成了干鱼片一般奇异质感的可移动遮光板墙，板墙轻巧异常，一只小指头就可以移动（图5—1）。

2.细部的意义

对于细部的理解和细部的手法，是构成室内设计实践的一个基本特征。对于那些细部有生机，就算有些不胜完美的想法和构图也是可以被接受的。然而，虽具有完美的比例而细部却粗制滥造，却往往是令人生厌的。和建筑比起来，室内设计在这点上尤其突出。另一方面，感受一个好的设计，细部感觉也是最突出的。例如，人们都比较喜欢的老房子，往往喜欢的不仅是它优美的比例，更多的是窗子的线脚，精致的砖工和门框，以及它的铁栏杆和地面上踏步的铺贴肌理等细部中蕴涵的历史感。

细部重要的第二个原因就是细部处理，或许是设计师能强制实现的东西，空间布局和设计风格往往受那些超越设计师控制能力之外因素的影响，也就是说会受到使用功能、建筑

图5-1 那须历史探访馆

图5-2 马德里的puerta America酒店的地下停车场

图5-3 马德里的puerta America酒店的地下停车场

设备、业主需求的限制。然而细部却依然处于设计师的权限之内，通过研究细部，设计师可以将那些常见的乏味的体量赋予优美和人性。意大利著名设计师特里萨为马德里的puerta America酒店设计的地下停车场就是一个明显的例子，设计师一改传统停车场给人的乏味和厌恶感，营造了一个可爱的充满情感的空间，原先很难在空间等方面有所设计，而往往呈现黑灰沉闷的地下停车库顿时变得十分抢眼，瞬间就可以抓住人们的眼球（图5-2、5-3）。

第三个原因是细部在视觉方面作为整个设计传达的一个典型符号，以某种特定语言同用户、社会、评论家进行信息交流。而且细部融于环境并反映产生它的文化背景。同样是对光线的处理，勒·柯布西耶设计的现代主义的经典之作朗香教堂中光线的主要来源是南面的实体墙，墙面上不规则地布置尺寸不同、样式各异的窗户（图3-13）。它体现了勒·柯布西耶提出的Modulor，有着不可思议的逻辑，这些窗户上镶嵌着他本人手工绘制的富有庄重和自然色彩的玻璃。勒·柯布西耶自己形容这个教堂为“一个富有热情的思想浓缩”。而安藤忠雄对它的评价则是：“光来自所有方向，掴打着我的身躯，充满剧烈与暴力的光……”这使得他在一个小时内便逃离现场，而这种失望让安藤深深怀念起日本的传统住宅，“光源是从下反向照射，屋檐和拉门将直射光遮住，自回廊下和庭院进行反射，将人温柔地包围着”。这种感受的差异正是文化背景不同造成的。而这种东方情结使得安藤作品根植于日本传统的“静”，表达一种近乎禅意的空间。如他的“光之教堂”和“水之教堂”（图5-4、5-5）。同样是对传统符号斗拱的运用，冯纪忠先生设计的松江方塔园何陋轩和安藤忠雄在西班牙塞维利亚设计的日本馆，也体现了不同文化背景对细部设计的差异，方塔园以质入手，利用材料的更替来反映时代的发展痕迹，钢制构件在这里并不刻意地描绘斗拱形象，而是一种神似模拟（图5-6）。而在日本馆安藤用简洁的形体来衬托着木质类的斗拱构件，从现象上讲，仿佛也是一个类似的模拟构件，但实际上是一个经过理性剖析而后经过几何简化过的产物（图5-7）。

第四个原因是细部设计会决定一个建筑的风格。按照一般的设计程序，首先是由总图决定布局，然后再平面图，最后细部决定。而隈研吾在谈到他作“石材美术馆”时，实际上思绪出现时的顺序是反差的，

图5-4 水之教堂

图5-6 松江方塔园何陋轩

图5-5 光之教堂

图5-7 日本馆

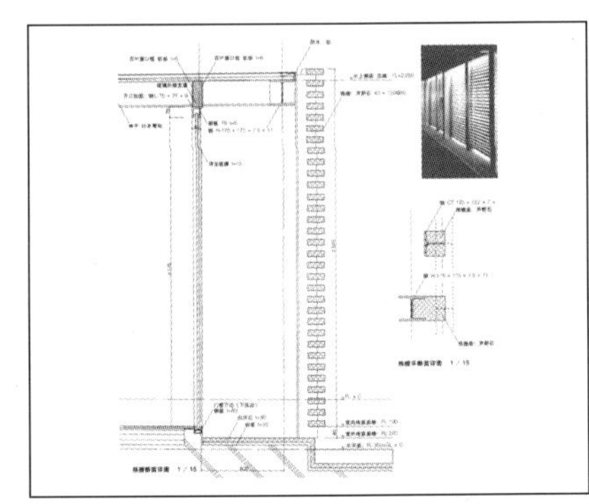
图5-8 石材美术馆

图5-9 石材美术馆

先是从细部入手。在一开始时，他就有用石材来做格栅的想法，于是问施工方："石头能做格栅吗？"在得到肯定的回答时，就开始研究石格栅的模型，研究如何来处理光的细部，并由此来决定格栅的间隔，以及将它用在哪一部分合适，这样逐步呈出现大的建筑。如果按照惯例来做的话，也就只能重复已有的细部来做建筑了，那么创新性和新意就会消失殆尽（图5-8、5-9）。

二、细部产生的部位

作为室内设计的空间形象语言，构造与细部无疑是最能体现设计概念和方案表达的，由界面围合的室内空间犹如搭建的一座新舞台，如果只有布景、道具和演员，这台戏是唱不起来的。即使所有的配置都已齐全，过长的剧情没有细致的情节铺垫也是极不耐看的，装修的细部亦是如此。一个没有细节的界面也是经不住看的，装修的构造与细部在室内设计中，发挥着非常重要的传承转合作用。而细部发生的部位通常为结构构件、 围合界面和过渡界面。

1.结构构件的构造细部

结构构件的构造细部是针对界面而言的，古今中外的室内空间，大量的文章都作在门窗和梁柱上，结构构件中的构造细部在不同界面与构件的组合中呈现出来。界面的材质与工艺对此类构造细部影响巨大。另外，构造细部的样式同时传达着空间的概念主题，后现代建筑所体现的隐喻性和象征性就是通过某种传统建筑的斗拱、室内天花的藻井、古希腊罗马柱式的柱头等成拱券进行体现的。图5—10所示某餐厅的天花设计。

除了结构构件本身的细部外，结构构件的穿插方式也是细部，采用不同的穿插方式反映出的设计思想也是不同的。图5—11强调垂直性与向上的联系，在现代建筑中极为普遍，它是包豪斯学派和勒·柯布西耶提倡的结果，强调干净利落与结构的纯洁性，例如在密斯的巴塞罗那厅中柱子与墙就是这种连接方式，而图5—12则强调梁柱之间的过渡物，这种方式在装饰性风格的建筑中很普遍，如赖特在橡树公园的联合教堂室内充满新装饰主义的风格，就是这种对柱子和梁的处理方式（图5—13）。而图5—14这种方式主要强调柱子向上的趋势，仿佛可以向上扩散至无穷。伊东丰雄在仙台媒体中心将这一点做得很彻底（图5—15）。

图5—10 某餐厅的天花

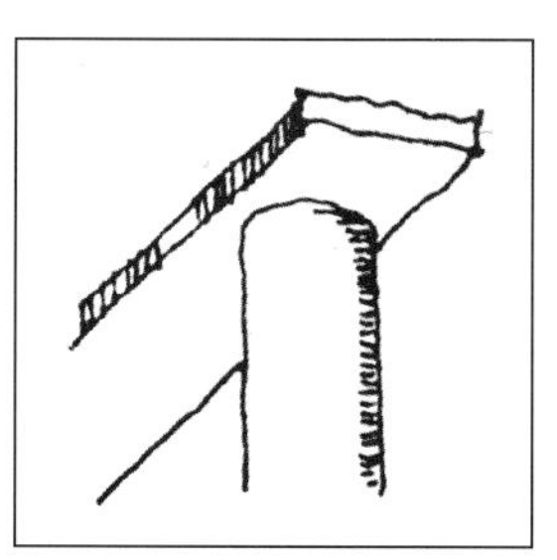

图5—11 穿插方式

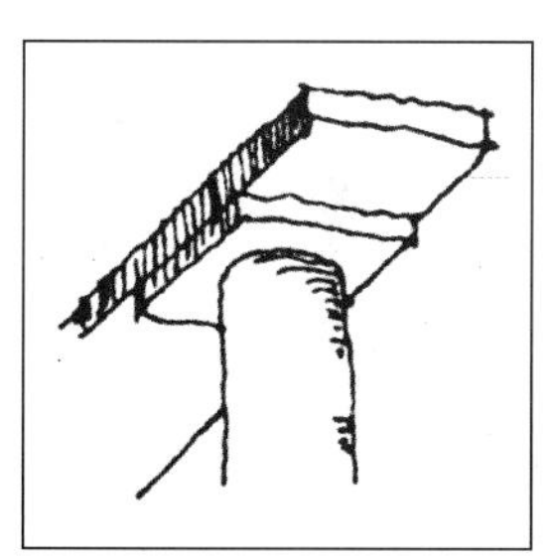

图5—12 穿插方式

图5—13 橡树公园的联合教堂

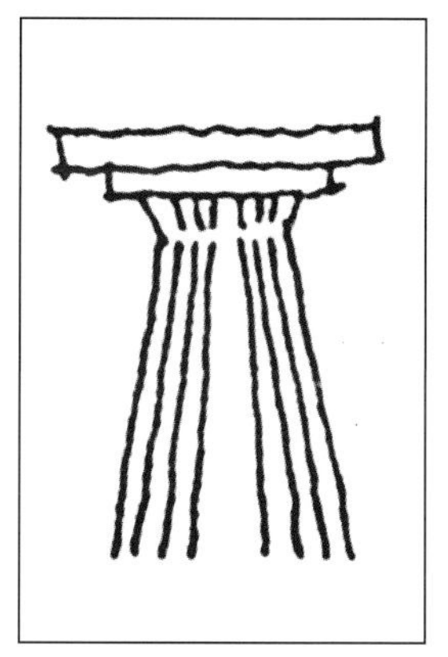

图5—14 穿插方式

图5—15 仙台媒体中心

2.围合界面的构造细部

一个室内空间由天花板、地面、墙面等界面构成，从人的知觉特性角度看，人们往往会忽略单纯的面，但有时我们需要强调界面的细部，以抓住人的眼球。这里所说的围合界面具体是指地面、墙面、顶棚在内的典型室内界面。要做好围合界面的构造细部设计，需要对材料的特质作深入的推敲。不同的材质有不同的视觉表达语汇，涂料、木材、金属、石材、玻璃、陶瓷不同的材料传达不同的美感。石材是最古老的承重结构材料，由它砌的承重墙、柱、拱券形成的视觉效果是其他材料所无法替代的。以前石材给人的感觉总是厚重的、有分量的。但日本建筑师隈研吾在他的石材博物馆中通过细部的处理，完全打破了石材在人们头脑中的固有形象，用石材设计出了清闲、通风透气的建筑。他第一种处理方法是把截面为40×120毫米截面的石材构件，横向贯穿在1500毫米间距的石柱之间，形成了石头格栅，让石材也产生了以前只能用木材或金属才能达到的肌理效果。第二种处理方法把厚50毫米，进深300毫米的薄石材层层叠砌起来，抽掉对结构不会产生影响的部分，让光线进入，空气流通。而且还在部分的孔穴里嵌入了6毫米厚的云石，这样光线通过云石被粉碎成金点，散在房间里面，而玻璃很难达到这样的效果（图5-17、5-18）。有时，一个界面的围合不止一种材料，而是两种甚至更多的材料进行组合。那么，对于材料之间的连接过渡处理便是细部中的细部了。传统手法在处理两种材料的衔接时，往往采用线脚作为过渡。而现代设计的手法也往往是引入第三种材料作为过渡，这点在接下来还会提到。图5-16所示为纽约名叫POP Burger餐厅，在界面的处理上就运用了多种材质，营造了一个热闹的餐饮空间。所以，在设计时可根据设计氛围对材料作不同的细部处理。

另外比例尺度也是围合细部设计中的重点。不同造型的采用，横竖比例的选择，细节尺寸的确立，却要经过立面作图的反复推敲决定。而具有雕塑感强的细部造型则需要采光与照明设计整体考虑。

3.过渡界面的构造细部

过渡界面是指不同方向的界面之间以及不同材料界面转换处的构造细部。在室内设计构造细部的概念中，过渡界面的构造细部应该说是细部之中的细部，它在连接不同的界面，形成室内空间主体形象起着十分重要的作用，室内的六个界面都有可能成为各自不同的六种形态，能否组成一个完整的室内空间形象就在于过渡细部的处理，过渡界面的构造细部设计手法有：并置、加强、减弱。并置的手法比较适合于同种材料的连接过渡，这种方法在地面设计中较多地运用（图5-19）所示的马德里的puerta America酒店入口。加强的手法形式不同，线脚处理，如踢脚线、檐口线、窗楣线、门套线的处理可以理解成为一种加强方式（图5-20）所示的某酒店大厅。而图5-21所示的某住宅室内则是对门洞空间的延续，使得界面的过渡得到了加强。减弱的方法主要是利用界面空间的不同离缝，通过虚空的距离，以尺度控制和光影处理达到过渡的目的。图5-22所示的某住宅室内和图5-23所示某美术馆的墙面和顶面的过渡处理手法都是通过留一段距离，运用光影效果进行过渡。

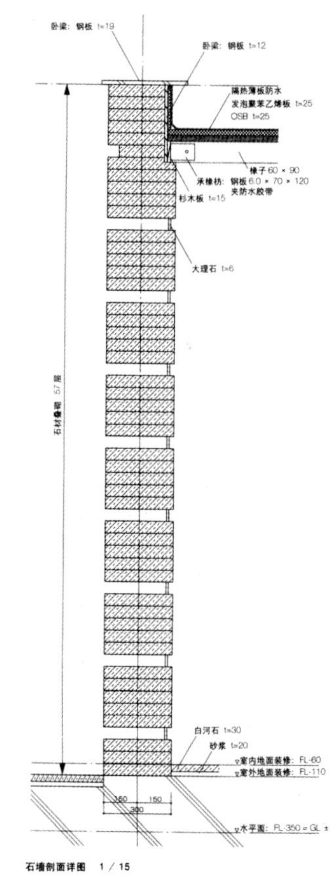

图5-16 POP Burger餐厅

图5-17 石材美术馆

图5-18 石材美术馆

图5-19 马德里的puerta America酒店入口

图5-20 某酒店大厅

图5-21 某住宅室内

图5-22 某住宅室内

图5-23 某美术馆

三、影响细部设计的因素

细部设计需要借助已有的建筑构造知识来了解隐藏于建筑表象之内深层次的东西，我们还需要广泛地阅读，增加建筑构造的知识和独立思考的能力。在进行设计时，我们需要考虑的因素是：

1. 如何构造？

2. 节点功能如何？

3. 是否需要什么特殊标准？

4. 节点功能和构造方面的关系如何？

5. 是否易于维护？

6. 是否易于更换（在设计和服务的后期）？

7. 建筑拆除或重建时，哪些材料还可再利用，可利用的程度如何？

四、学习途径

1. 向名作学习

著名的设计师或者工程师作品永远是很好的学习榜样，从别人的项目成果中学习是一个重要的学习途径。学习著名的设计师或者工程师的作品以及口碑优良的建筑，并将工程项目作为最好的实践资源。这些是非常重要的，同时也是激发灵感的，但是也要注意，并非所有作品的细部都是因地制宜的，也有许多著名的建筑境遇不佳，渗漏或者难以维护和使用，这一点常常被人们忽略。所以，我们还需要认真分析失败的建筑和组合，从中吸取教训，避免犯同样的错误，这也是非常有效的方法。

2. 向平凡作品学习

知名设计师作品仅是建筑群中的一小部分，同样具备专业知识而未为人知的普通设计师完成的却是大部分的建筑。尤其是关于现有建筑改造工程的建设中，更是主要由大量各专业的设计师、建筑师和商务人员共同完成的。这些平凡的建筑提供了丰富的经验，一个高品质建筑，如果细部处理不严密的话将会出现渗漏，难以维修。我们的周围就有不少这样的建筑，它们作为观察和反馈对象更易于认识并具有同样警示作用。

3. 从工地中学习

没有任何设计能够天然而成，设计总是通过不同的专业技术员合作完成的，由单个人完成是不可能的，必须学习观察别人做的。由于安全问题以及工地的管理，进入工地进行现场学习变得越来越难了，但或许可以通过课堂教学录像或者视频来学习，这也或许是我们今后教学尝试的方向。与施工者和验收者交谈能获得关于复杂构筑组成的有效信息，这对于我们的学习非常有用，而且容易和实际相结合。通过观察、记录、分析和反馈，对于设计完美细部方案是非常有帮助的。

4. 从专业设计单位学习

专业设计单位是一个连续学习的地方。作为初学者，应当观察、模仿有经验的设计师，学习他们的工作方法和习惯。从最有经验的设计师那里学习最好的方法，但是如何知道他的方法就是最合适的方法呢？我们是否有能力和勇气去质疑在设计室或者工地上所见到的？所以必须坚持质疑为何做如此的细部设计，并将其作为以后项目进程的一部分，成为持续学习过程的一部分。

5. 从大学或者学院中学习

教育是调查、研究和试验的学习时期。设计、施工和组织管理是负有责任并且影响商业声誉的活动，承包商也会不太情愿采用新方法或者新产品。时间有限，进程必须跟进，所以细部设计必须第一次就完全正确，而且实际上也难以找到更多的时间去探索多种途径，因为时间就是金钱。由于对费用和时间的苛求，设计方案和工程组织无法尽善尽美，也不会有太多的时间去创新。而学习过程中，犯了错误最多就是分数降低了，没有人会因此受到惩罚或有金钱方面的损失，没有人会为此丢掉工作。如果我们不得不花费额外的时间来寻找最佳的解决方案，那么就是牺牲个人时间甚至睡眠时间而已。

第二节 材料细部作业任务书

一、教学要求和目的

1.加深对材料的认识。

2.了解材料的过渡、收头等构造部位。

3.提高选用材料的技巧和方法。

二、设计任务

在上海落成的公共建筑中选择一个有特点的细部节点，对材料的运用以及构造尺度进行研究，绘制若干个细部节点图，要求标明材质、尺寸和构造做法。

三、成果要求

图纸规格为A2。

四、进度安排（见表5–1）

五、参考书目

1.《Detail 建筑细部》杂志。

2.有关材料和节点设计的书籍和杂志。

第三节 设计作业点评

1.对上海博物馆展厅内的若干细部进行了调研，并在此基础上分析了细部设计与整体环境设计中的关系，提出了细部即是“兴奋点”的观点，加深了对细部设计的认识与理解（图5–24、5–25）。

2.娱乐城通常是视觉信息繁多的场所，通过对不同场景材料的分析，得出了材料也有着性格上的差异性，也就是会带给人不同的心理感受，加深了对不同材料表现力的认识（图5–26、5–27）。

3.文化类建筑的材料细部除了满足功能需求外，更要体现出文化气质。该生以上海博物馆和上海图书馆为研究对象，通过对材料细部的分析，表达了对文化建筑的理解（图5–28、5–29）。

4.该生以南京路花旗银行的营业厅为观察对象，从细部分析和表达上体现出该生比较扎实的施工图绘制基础及对材质的理解能力（图5–30、5–31）。

表5–1

	一	四
第一周	发题，讲课	查资料，实地参观
第二周	参观报告交流，初步确定细部内容	推敲细部构造做法
第三周	绘图	绘图，交成果

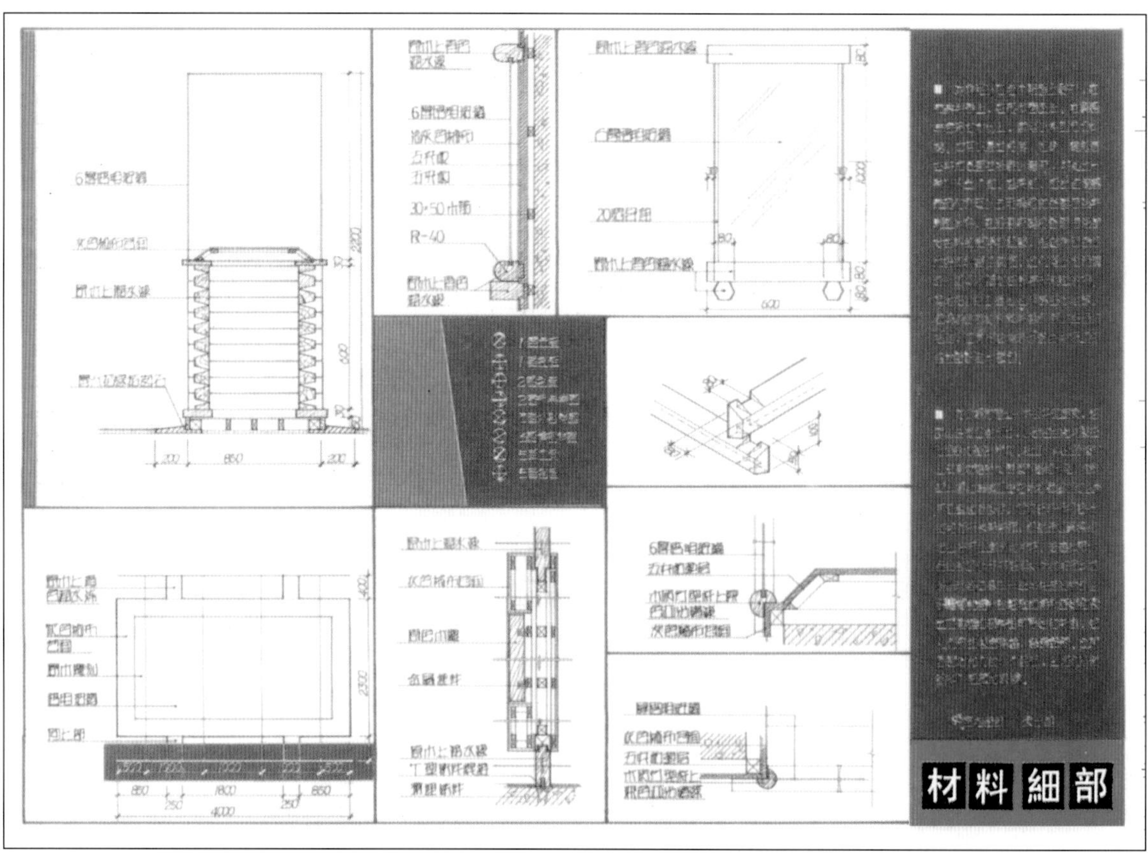

图5-24 材料细部作业之一 作者：张士谊

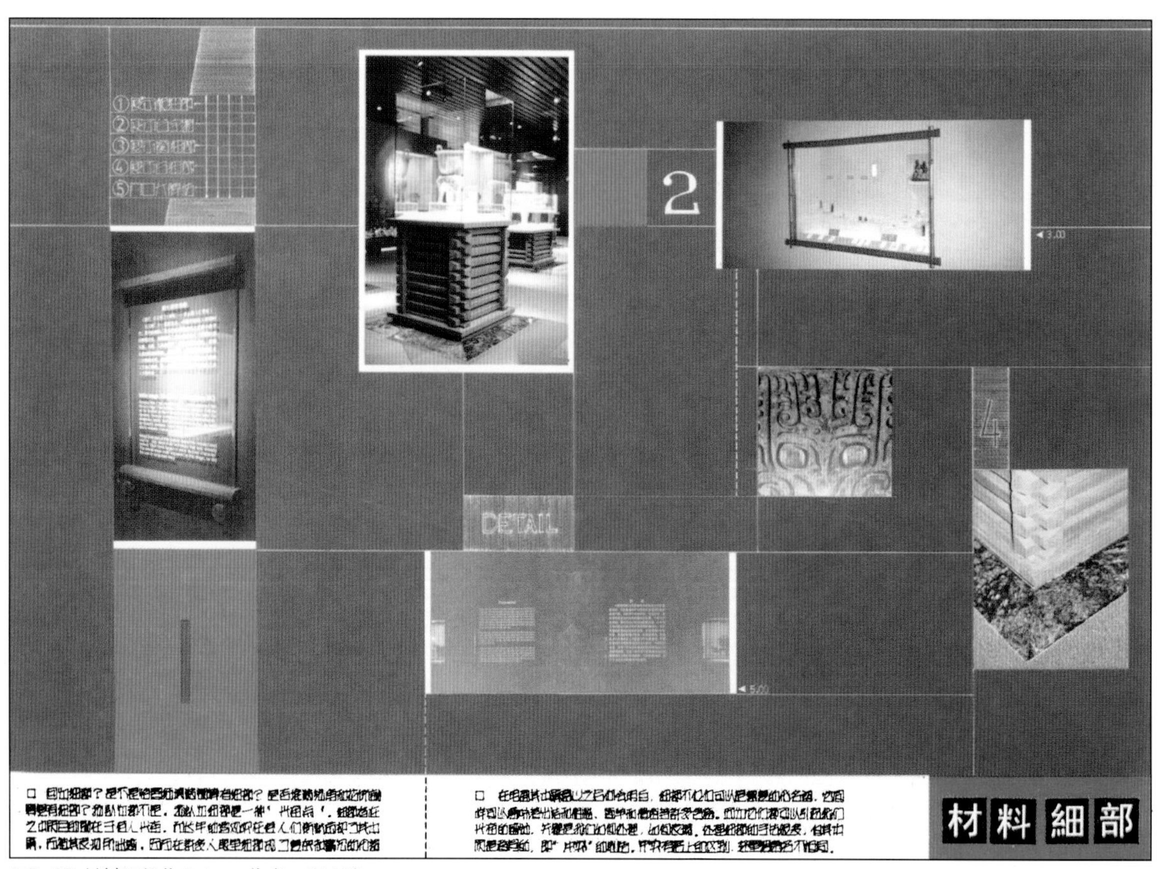

图5-25 材料细部作业之一 作者：张士谊

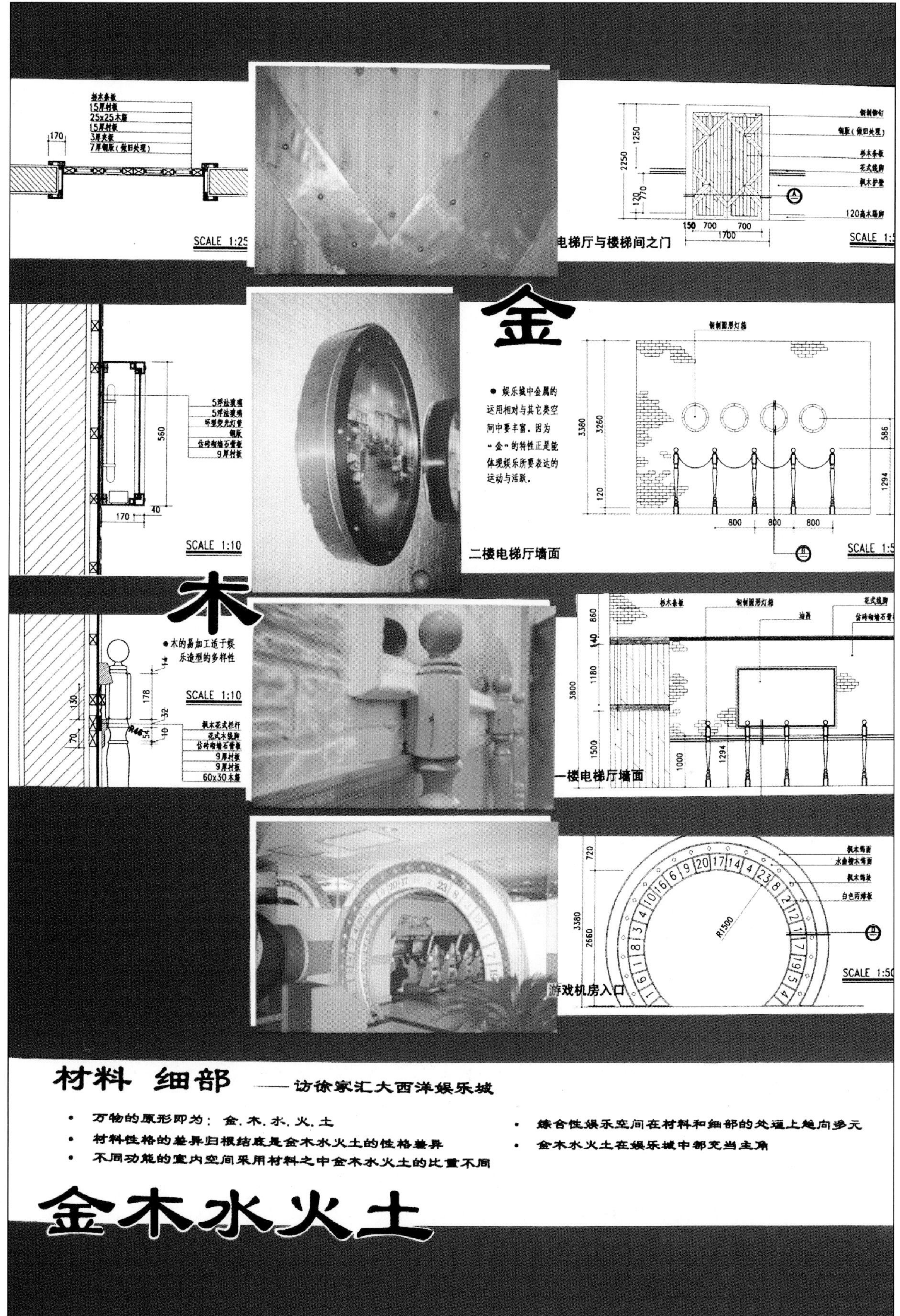

图5-26 材料细部作业之二 作者：陆嵘

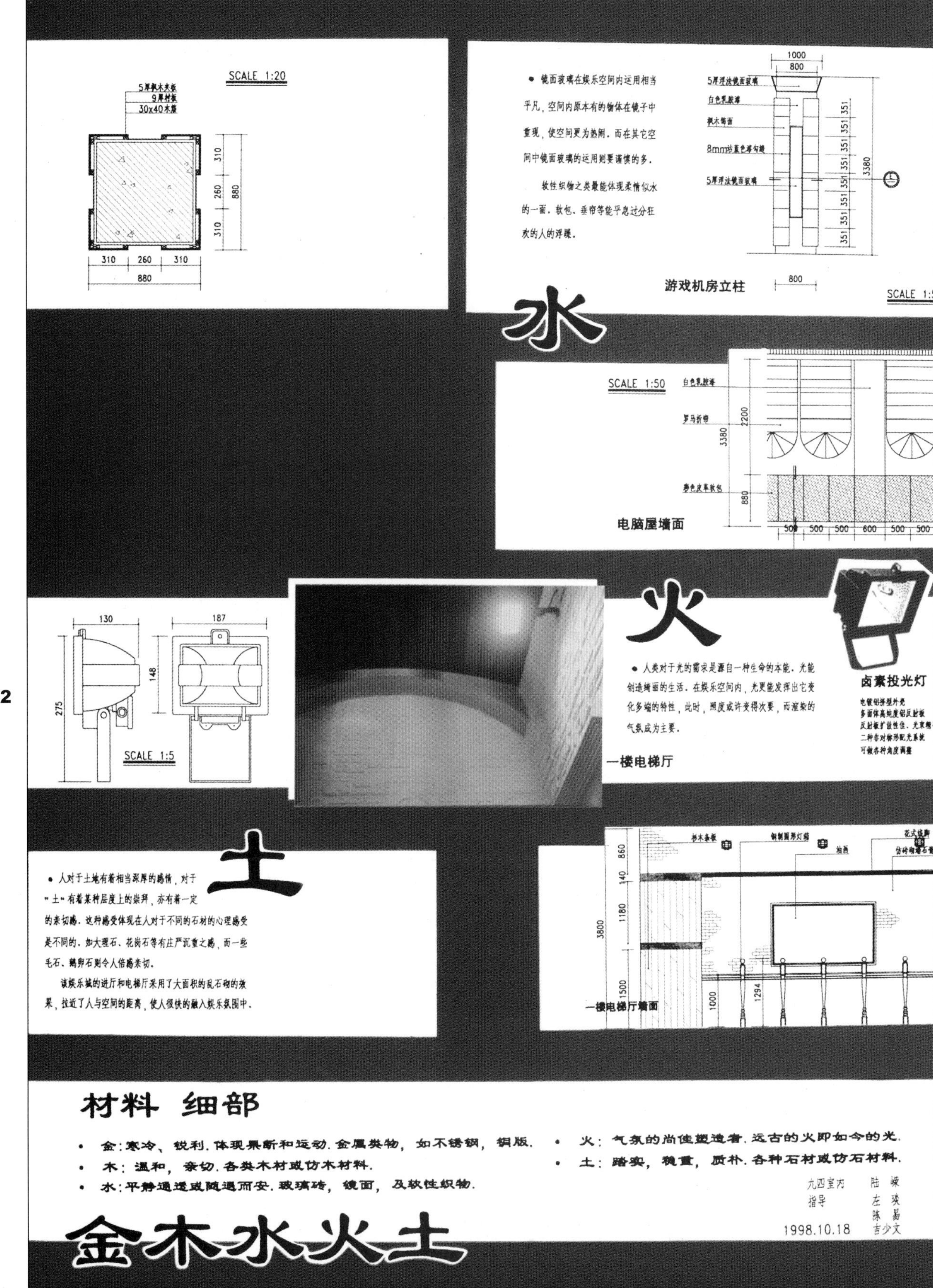

图5—27 材料细部作业之二 作者：陆嵘

◀ 上海博物馆家具展厅

该指示牌运用了中国古典家具的手法，从"前言"就将人领入了中国古代古色古香的氛围之中．加上青花瓷器的花盆，和展出的明清家具非常统一．

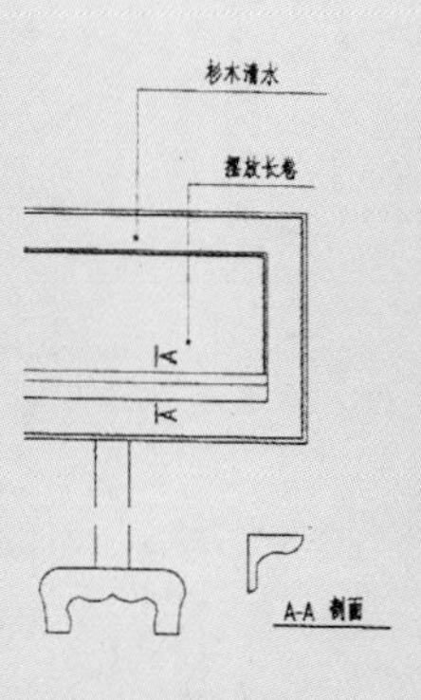

上海博物馆中国画展厅 ▶

▲ 中国画展示台

◀ 上海图书馆电梯厅

简洁而不简单是这一电梯厅的最大特色．仅用爵士白．老米黄．不锈钢等几种材料，利用材料之间的对比体现文化品味及现代感，特别是标牌运用了折线的不锈钢，使人联想起翻开的书页．

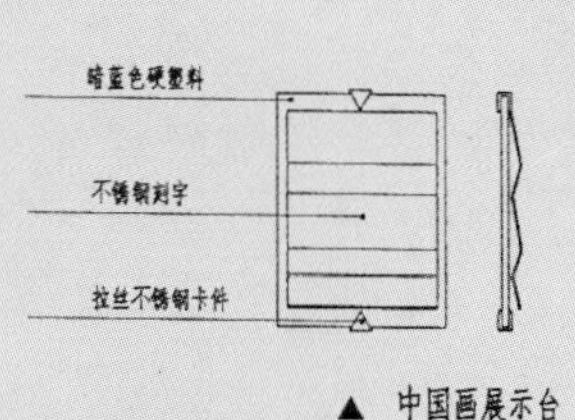

▲ 中国画展示台

◀ 上海图书馆走廊

—— 楼层指示牌

运用不锈钢．硬塑料等材料，创造了一个新颖别致的小品．折线不锈钢更象一本翻开了的书．体现了现代感．

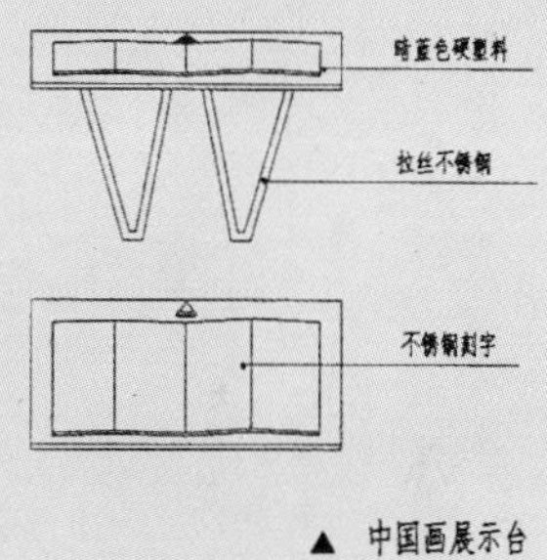

▲ 中国画展示台

◀ 上海博物馆青铜器展示厅

该展厅大量运用粗糙木质，用昏暗的暖色灯光，以暗绿色调创造一个古朴自然的"青铜"世界．此处"前言"，运用玻璃这以现代材料，与后部的粗糙木雕做对比，象两扇移开的现代大门，窥测远古时代的秘密．

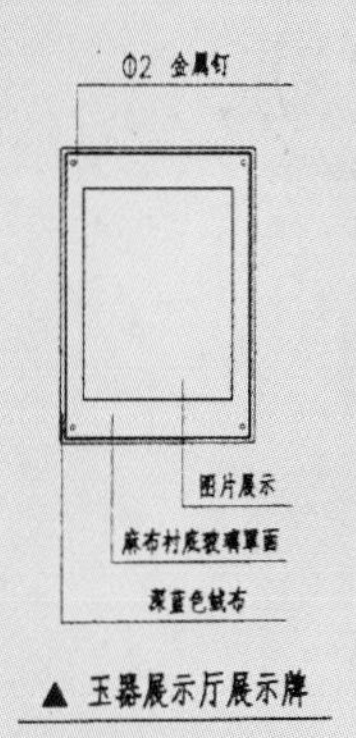

▲ 玉器展示厅展示牌

MATERIAL AND DETAIL MATER

九四室内　颜隽　1998.10

图5–28 材料细部作业之三 作者：颜隽

◀ 上海图书馆入口大厅

——螺旋楼梯处墙面

运用材料的对比——老米黄与爵士白拼花，形成冷暖、明暗对比，两种石材又与不锈钢扶手、标牌对比，以表现它既是现代的，又是历史的。特别是爵士白上的雕刻文字，更显文化品味。

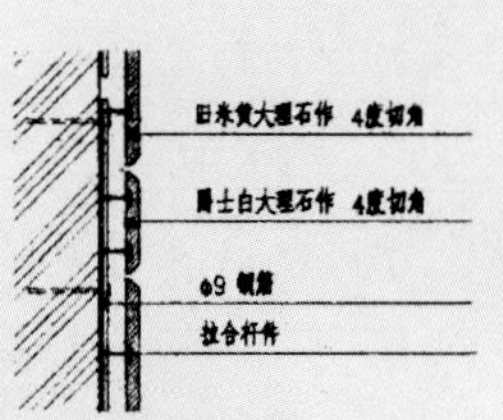

▲ 墙面处理详图

扶手详图 ▶

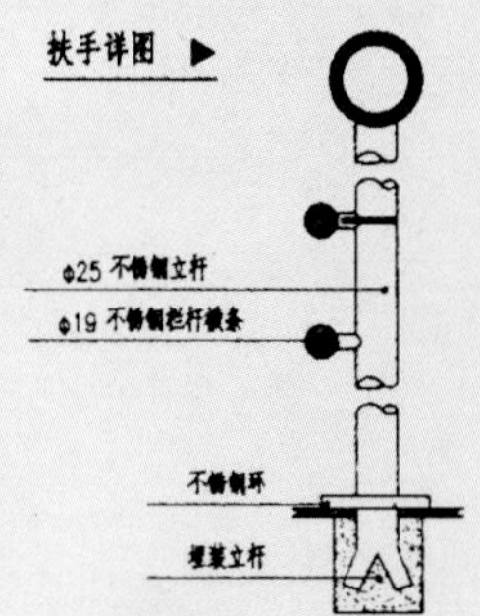

◀ 上海图书馆外墙面

利用面砖的不同，形成肌理花纹。与凿毛混凝土和光混凝土形成对话。点出上海这一具有中西合璧的文化特点。

● 同样的手法还可见与上海申报馆地面处理及上海图书馆检索大厅的立面处理。可见，利用如此手法的材料对比，面处理。可见多用于文化类建筑中。

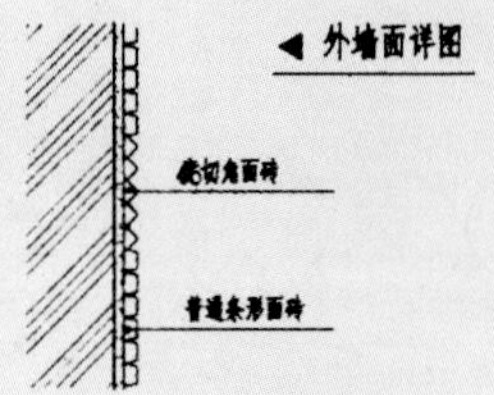

◀ 外墙面详图

▼ 外墙面详图

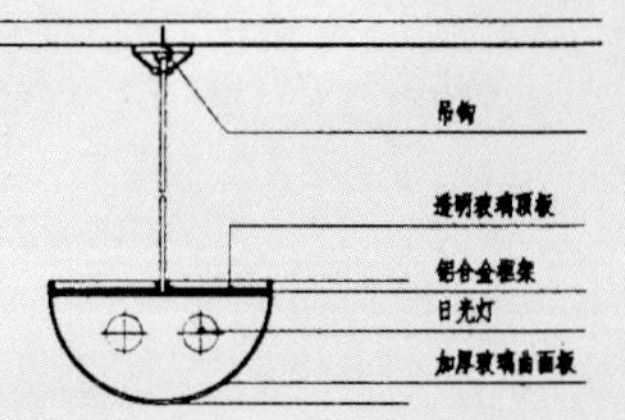

◀ 上图古文献检索大厅

"草色新雨中，松声晚窗里。"

作者也想在这里创造这样一番意境吧。

花坛将大玻璃窗外的景色引入室内。

顶棚上的灯具设计，既照顾到了图书馆照明的特点又给人以新意。

▶ 上图检索大厅陶面装饰

MATERIAL AND DETAIL MATER

九四室内　颜隽　1998.10

图5-29 材料细部作业之三 作者：颜隽

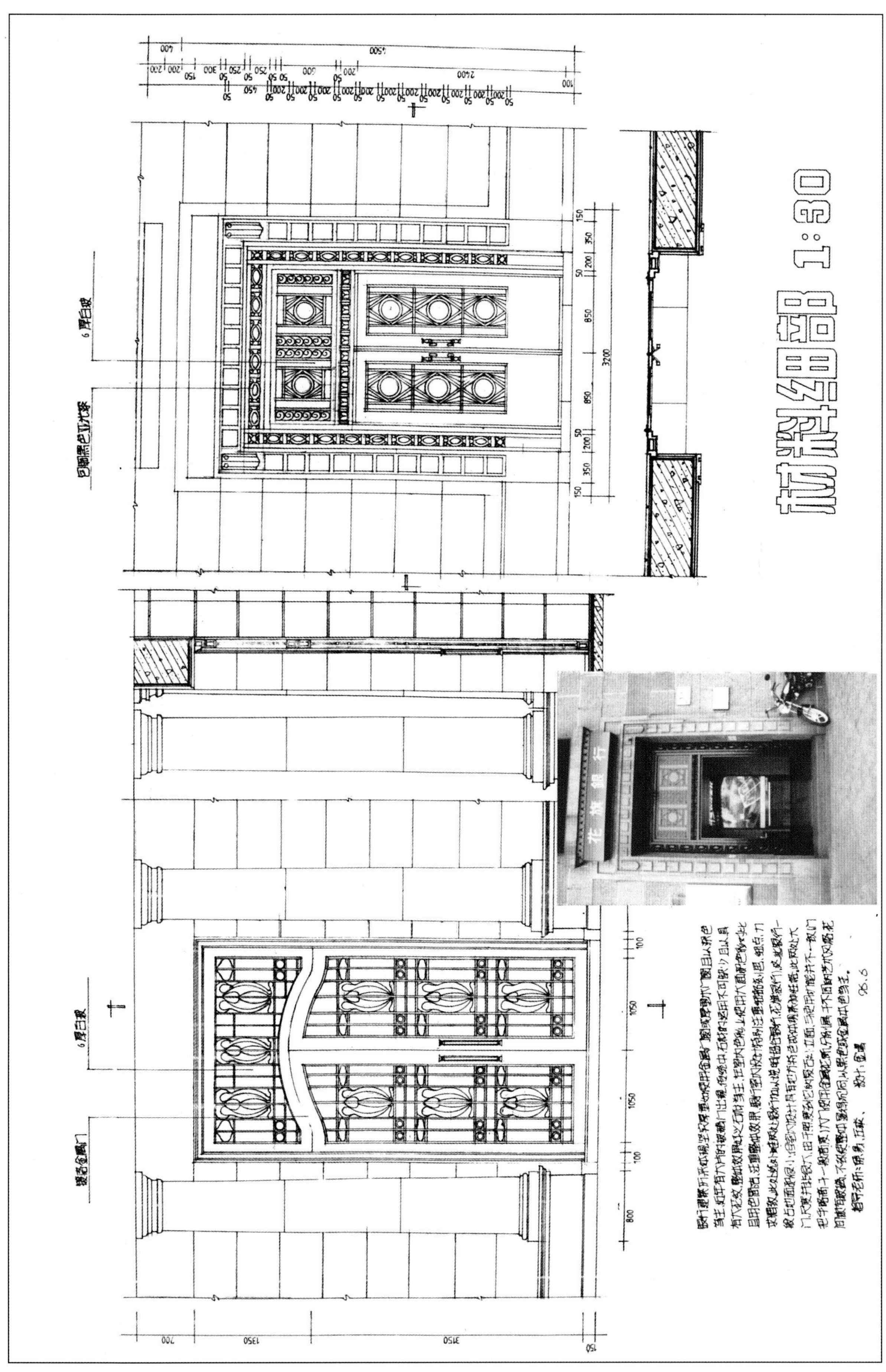

图5-30 材料细部作业之四 作者：金鸣

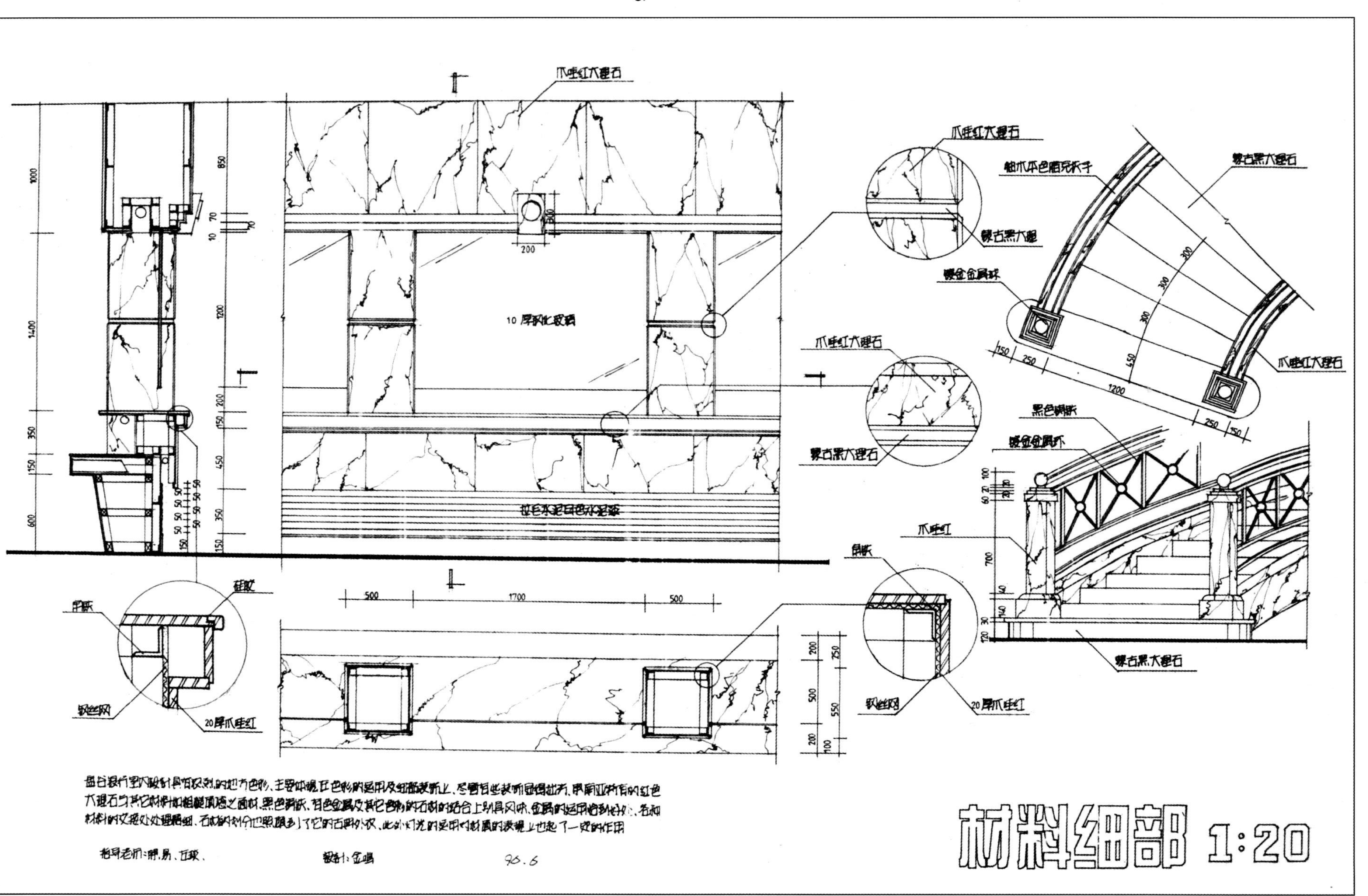

图5-31 材料细部作业之四 作者：金鸣

中國高等院校

THE CHINESE UNIVERSITY

21世纪高等院校艺术设计专业教材

建筑·环境艺术设计教学实录

CHAPTER 6

课程设计——艺术沙龙室内设计

室内设计中的个性

艺术沙龙室内设计任务书

有关课程调研的基本说明

设计作业点评

第六章 课程设计——艺术沙龙室内设计

第一节 室内设计中的个性

对于设计个性的追求，能使我们的环境呈现出丰富多样的风格和形式。同时，它也是人们崇尚新事物本能的具体表现。个性，即事物的个别特性。对于室内设计来说，个性是设计师依据设计的条件和目的，结合自我的设计理念，创造性地运用空间、界面、家具、色彩、材料等设计语言，形成有别于其他设计的设计效果。

一、室内设计中个性的来源

撇开经济因素对设计的制约作用，影响室内设计个性的因素主要来自于三个方面：设计师、业主和被设计的客观环境的具体要求。

设计师的艺术观和对室内设计基本认识对设计个性的形成具有关键作用。试想一个受传统思想束缚，对未来生活方式缺乏憧憬的人怎么能提出一个具有一定前瞻性的平面布局呢？一个对艺术形式规律没有深刻理解，因循守旧，怎么能对设计语言采取独辟蹊径的处理方式呢？应该说，人的根本需求是在不断变化着，新颖的形式能引起视觉的愉悦，一个室内设计师，只有具备了这样创造的个性，才能使得设计表现出个性倾向。

但是，室内设计的个性不能仅仅依赖于设计师的“个性”张扬，它还要受到设计目的的制约和业主态度的干预。

不同的设计场所有不同的使用目的和要求。一个特定的目的使用场所也就规定了个性的“方向”和“鲜明度”的范围。设计师只有将他的一些想法融合了这种“度”和“势”的规定性，他的这个“个性”表现才有可能付诸实现。譬如要设计某地方风味的餐厅，若完全忽视特定地域的造型符号和色彩搭配的习俗，则会对营造特定用餐环境和顾客欲从异域文化中得到特殊的体验带来负面的影响。具体的设计环境有不同的服务对象。对象的不同年龄、文化层次也同样会影响设计师在对个性的倾向和个性“度”的把握。这好比是春节联欢晚会，导演不可能都将节目安排成一些年轻人特别热衷的流行歌舞，他还要兼顾老年人、青少年、不同民族的欣赏习惯。对于室内设计个性方向的决定也是同样道理，依据不同的服务内容和服务对象来决定设计个性的倾向，对于商业的运作来说也是必然的要求。

对于设计的个性，业主的因素同样也不能小觑。他的接受和排斥对于

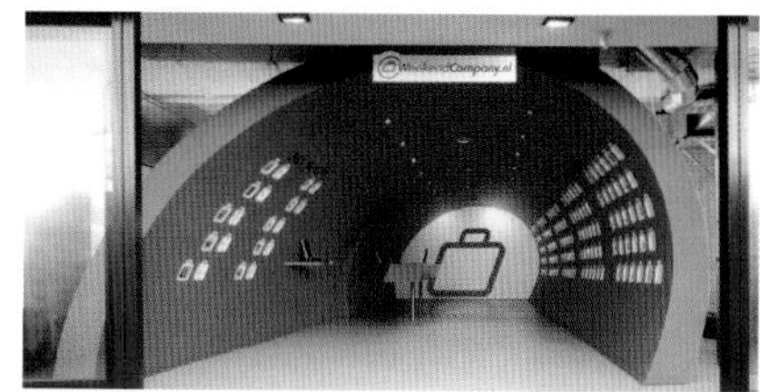

图6-1 某旅行社设计

图6-2 某音像制品商店室内设计（一）

图6-3 某音像制品商店室内设计（二）

图6-4 阿姆斯特丹某餐厅设计

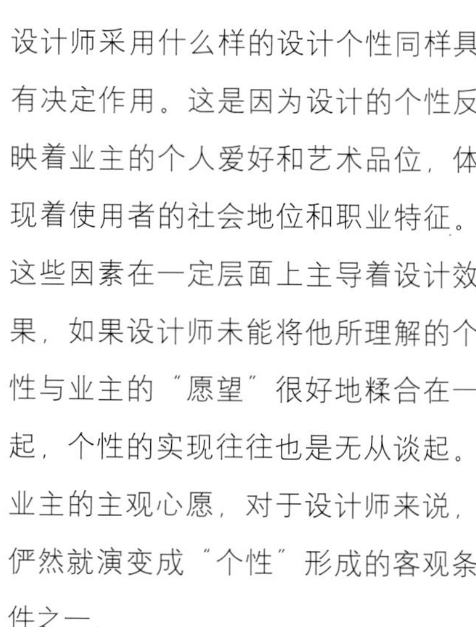

设计师采用什么样的设计个性同样具有决定作用。这是因为设计的个性反映着业主的个人爱好和艺术品位，体现着使用者的社会地位和职业特征。这些因素在一定层面上主导着设计效果，如果设计师未能将他所理解的个性与业主的“愿望”很好地糅合在一起，个性的实现往往也是无从谈起。业主的主观心愿，对于设计师来说，俨然就演变成“个性”形成的客观条件之一。

人是需要表现自我的，人的心中也应有理想。室内设计个性的张扬就是人的这种内在需要的有机结合。对室内设计个性的追求使我们生活的环境避免单调乏味，也是设计的意义和价值所在。

二、室内设计个性的表现

室内设计个性的表现与多种设计因素和方法相关，其中比较具有代表性因素和方法主要包括：空间形态、特殊的造型细部设计、化解设计矛盾的处理方式、色彩设计、光环境设计、材料的使用和设计符号的隐喻象征作用。

1.个性与空间形态

对于空间设计而言，符合实际使用上的要求应是基本的第一要求。当功能得到满足以后，用几何特征明显的形态去包容空间，往往能使整体的设计个性化效果非常显著。

图6-1是一个旅行社的设计。平面布置主要分成两大块：右侧为主要营业区，左侧是办公区。右侧的营业区设计成隧道状，并用橘红色强调这个非同寻常的形态。为了显现它的与众不同，设计师精心地将此形态略微向右倾斜一点。弧形立面上，用背面透光的方式陈列着旅行目的地的介绍，它与正立面的半透光墙一道形成设计的“透气孔”。显而易见，简洁的形态成为设计最具个性化的部分。

在荷兰建筑师雷姆·库哈斯设计的葡萄牙波尔图（Porto）的CASA DA MUSICA中，建筑外形上的斜面和切角自然而然地就将内部空间塑造成非规则的形态，室内设计的其他元素则是顺势而为，一切表达的主题和特点就是空间形态的本身（图2-6、2-7）。

2.个性与特殊的造型细部设计

除了要使空间满足使用上的要求外，设计师还得对室内的立面、家具、灯具和陈设等元素进行具体的设计。对于这些元素富有创建的定义和形式上的处理，同样也能构成整个设计个性的主导因素。

图6－2是一个销售CD的商店设计。此设计的立面和陈列架的设计均是呈扭动状的曲线密集排列。这些弧形的组织形态与展示陈列巧妙地结合在一起，同时还能引发人们对音乐旋律的节奏和流畅乐曲的联想。在整个设计中，这些立面和家具无疑是整个设计个性的主角（图6–3）。

图6－4是阿姆斯特丹的一个餐厅设计。餐厅那些富有阿拉伯风格的灯具和家具上的软装饰，由于表面图案的节奏和韵律，形成了设计的个性特征，令人流连忘返。

3.个性与设计中的特别处理

对设计的欣赏不仅仅就是看看而已，实际上，对设计评价的另一个因素就是使用过程中的体验。要知道，室内设计是有条件的，它不是完全依照室内设计师的主观设想，有时设计师为了满足使用上的要求，需要对布局进行仔细的盘算；对于有些制约条件，还要依靠设计师大胆的创意。对于这些，也不无反映了设计师的智慧和价值，同样也表现了设计本身的个性和特点。

坐落于纽约布鲁克林Rotunda画廊，长宽比约为1：2，短边临街，面积约为180平方米。为了应付不同人流量的要求，在主入口处设置了一个可以旋转的隔断。若要接待像画展开幕式这样大量的人流要求，就开启此隔断，使其可以和向上的楼梯侧面齐平（图6–5、6–7）。在日常，画廊的观众一般都是零星进出的，在这种情况，就关闭此隔断，观众就从靠侧墙的楼梯进出。这样就形成了一个完整的展示空间。隔断的开合变化，使观众在同一空间享受不同的空间体验，自然而然就使画廊赋予了不同的个性色彩（图6–8）。

让·努维尔设计的Lucerne旅馆半地下空间的公共餐厅部分也表现了其化“障碍”为“个性”的才智。将半地下空间用作公共餐厅一般是不适宜的，当空间条件有限制的情况下，采用适当的方法同样能取得良好的效果。在此设计中，虽然将酒吧的地坪抬高1.2米，以使地下餐厅有了一丝可以享受自然光的间隙。但可以想象，那么一种高窗效果，对于用餐者的环境来说，还是非常不够理想。让·努维尔将酒吧的沿街部分后退且前倾，再将餐厅的外墙内侧中部也处理成朝上倾斜，在这个斜面安装了两面成一定角度的镜面玻璃。这样，室外的景色通过两次反射进入了用餐者的眼帘。仿佛使下沉的空间“浮”出地面，压抑、封闭的感觉被大大削弱了，还应指出，街景的反射是通过相互成一定夹角的镜面反射的，这样，产生的图形有了变形和拼贴效果，形成了抽象的组合效果，增强了设计的趣味，而这也恰恰构成了这个设计个性的重要方面（图6–9、6–10）。

4.个性与色彩设计

凡评判任何造型艺术，色彩的表达都是一个重要方面。因为通过色彩的色调和色彩的象征性能使人感受特别的环境氛围，同时，色彩也是人们认识把握事物的线索。另外一个方面，色彩也有一个形态，它的形态和其依附的形体有时分，有时合。通过色彩能将两个不同的元素在视觉上整合为一个整体；通过色彩也能在一个元素上分离出多个小元素。色彩的这种把形态分离和整合的视觉心理感觉会极大地改变人对形态元素原来归属的判断，从而亦使形态元素在视觉心理进行了重构组合，这种重构的效果往往就是设计个性的所在。

墙面、地面、服务台原本属于不同的元素，在图6–11中，通过深蓝色将这三个部分有机地整合为一体，并与白色的展示墙面、吊顶构成了别致的图形构图，遂产生了别致新颖的效果。

图6–12是一个办公楼的门厅设计，在柱子的侧面采用了高纯度色彩的条形图案装饰，并用背光的手法使其在相对稳重的色彩陪衬下显得极为醒目。在元素对比的秩序关系中，它显然被重点强调了，这样，也就与常规的视觉经验形成了反差，设计的个性也就形成了。

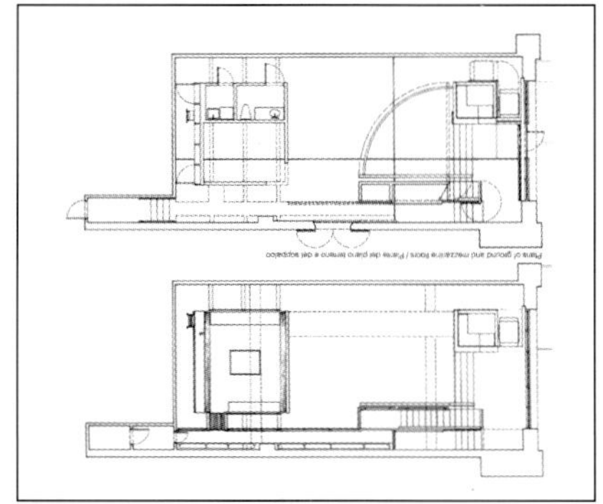

图6–5 纽约布鲁克林Rotunda画廊平面

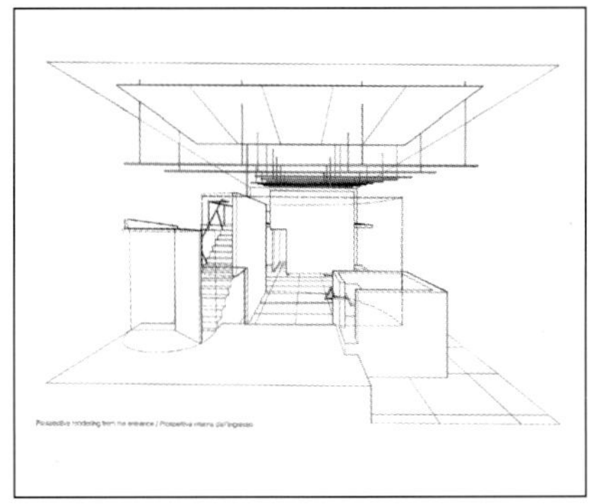

图6–8 纽约布鲁克林Rotunda画廊室内透视图

图6–6 纽约布鲁克林Rotunda画廊室内场景(一)

图6–12 某公共建筑门厅设计

图6–7 纽约布鲁克林Rotunda画廊室内场景(二)

图6–10 Lucerne旅馆半地下层餐厅设计

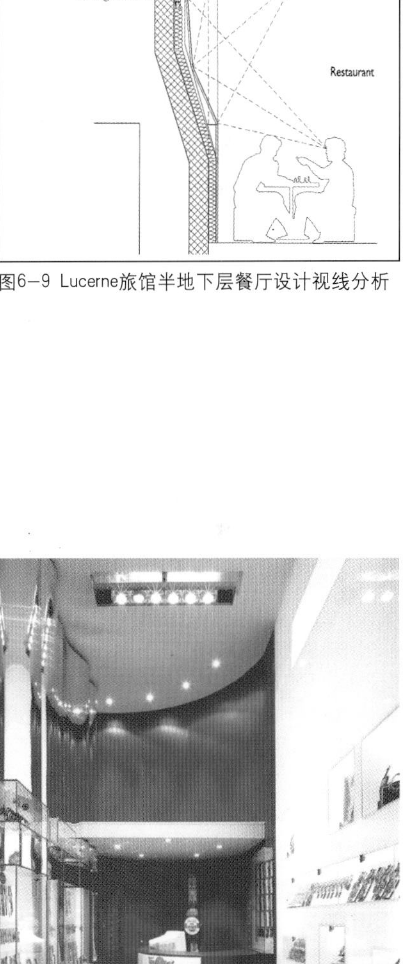

图6–9 Lucerne旅馆半地下层餐厅设计视线分析

图6–11 某钟表店室内设计

图6-13 WMA工程咨询公司芝加哥办公室室内设计

图6-14 某酒店的酒吧设计

5.个性与光环境设计

从图6-12的例子中可看到，个性的建立仅仅依赖于色彩本身还是不够的，因为凡对色彩的感知是靠光线的照射。光的强烈、色温以及灯具的类型会使我们对观察和感受色彩的效果产生重大影响。所以，色彩设计一定要结合光环境设计综合考虑。同时，室内照明本身也能促使设计个性形成。因为灯光的色温是构成空间色调的主导因素之一，这是其一；第二，通过光源不同的安装方式和光源的选择可以改变设计元素的“图与底”的关系和“主次”关系。通常，我们所熟知的槽灯在室内环境中常常起到间接照明的作用，对于槽灯所处界面的形体来说，还会形成新的“图底”关系。第三，聚光灯的照射对象和那些自发光的界面元素易形成环境中的视觉高潮，改变并主导了设计元素之间的秩序关系，遂也对设计个性产生影响。

图6-13是WMA工程咨询公司在芝加哥的办公室室内设计。斜向的线形直接照明和墙上多个并置的间接照明构成了这个设计的主要特色。

图6-14是一个酒店的酒吧设计，立面后的背光设计强调了家具和立面的对比效果，自下而上的光的语言使得习惯了自上而下强弱褪晕变化的视觉心理产生了新颖的个性色彩。

照明引导人的视线移动，照明又宛如设计师手中的一支画笔，通过改变界面的明暗变化和主次关系，将个性赋予了室内环境。

6.个性与设计材料的关系

从本质上来讲，装修的材料才是设计师真正的语言。因为，任何环境设计最终的结果都要具体落实到怎样使用材料。当今的技术和加工条件，使得我们能使用的设计材料比任何时期都要丰富且质量更好。材料中所含的技术成分代表现代性，时常还融合时尚的观念，使得我们在设计时，不能仅仅将材料作为造型表面的覆盖物，而应将它视为整个设计价值的表现。这是当代艺术注重材料传递观念的具体表现，因为材料的肌理本身和人为的安排、组织所产生的观感刺激是其他效果无法替代的。当材料的这种特性被作为设计的主要方面来展现时，材料的表现似乎就是设计个性的主角。

图6-15是纽约的一个咖啡馆设计。设计师运用“房中房”的设计理念，将顾客就座区限定在内部的主体箱形的空间之中，这个主体箱形的立面覆盖着纸板箱纸为主的材料。将不锈钢做成纵向有序、横向随机的分隔，再在这分隔块状之间填充硬纸板横截面外露的纸条，形成了非常别致且朴实的效果，也营造了特有的咖啡馆氛围。

7.个性与设计符号

室内设计的个性表现在具体的形式处理手法之中，也同样彰显在设计符号包含的寓意之中。

设计符号是环境建构中具有某种象征性的设计词汇。通过设计符号，使环境注入了表面形式以外更加深刻的意韵和内涵。设计符号不仅能诠释不同功能性质的室内环境，而且在精神层面上使环境满足了人们不同状态下的情感需求，这也能引导人的情感步入创造者认同的状态，以促使商业目标的实现。

余秋雨先生在《艺术创造学》中认为："艺术符号既要抽象而通用，又要常换常新，使欣赏者永远保持审美愉悦……"笔者认为，他的这种观点对于室内环境中的符号创造不无启迪。因为室内设计的符号就是一种艺术符号，认识到符号创造的"常换常新"的要求，就要求设计师将符号的创造和运用与具体的环境和当代人的审美倾向相结合，"笔墨当随时代"，这样才能使设计既表现出对经典文化的继承一面，同时又具个性色彩。

设计符号是多样的，因为凡是已被人们认可的具有一定意义的东西都可能作为设计符号被运用到环境设计中。当然，有时设计符号需经过"变形"，使对象"陌生化"，才能使符号散发出真正的魅力，促使人对符号展开联想，从而体验真正的环境意义。

奥地利建筑与室内设计师汉斯·霍莱因（H.Hollein）设计的奥地利旅行社代理机构（图6-16、6-17）。该设计运用了大量变形的符号，比如露出中央不锈钢材料的半截柱子、金灿灿的棕榈树、悬挂于服务台上的呈雕塑状的织物、印度亭子、飞翔状的超比例飞鸟图和船舷栏杆等等。这些符号元素既调动了顾客的好奇的兴趣，又传递了这个环境的服务内容，让人回味无穷，浮想联翩。设计由符号形成的个性也是十分鲜明。

环境的意义和气氛是设计效果的重要内容，从这点来看，设计也是个性符号运用和创造的过程。对于具体设计来说，我们对于每一个具有符号意义的设计元素都应深思熟虑，因为它建构了环境的意义，也造就了设计的个性。

设计的个性是多种因素的综合反映，对于如何处理这些因素的关系，这就要求设计师把握一个"度"，只有明确了设计的主要矛盾、主要倾向，才能整合好这些因素，使得设计的个性真正地得到彰显。

图6-15 纽约某咖啡馆设计

图6-16 奥地利旅行社代理机构室内设计（一）

图6-17 奥地利旅行社代理机构室内设计（二）

第二节 艺术沙龙室内设计任务书

一、教学目的

建筑的一般意义在于能满足人的基本使用要求，然而其特殊的意义是不同的建筑具有不同的功能要求，如果将同类的建筑细分，则不同层次的建筑也需要不同样的个性与之相吻合；建筑为人服务，可是不同的人对建筑有不一样的要求，不一样的建筑吸引着不一样的人群。这就使得建筑个性的创造成为一种必然的要求。

个性是人追求差异的结果，是室内设计艺术性的具体体现。对室内设计个性创造的关注，促使当今设计不断向多元化和更新颖的风格转变。它也成为了衡量设计师能力的标准之一。因此，设计个性的塑造应是室内设计学习的重要内容。

在本课程的学习过程中，应将重点放在以下几点：

1.通过调研了解现代画廊与酒吧设计发展的趋势，研究设计个性与环境本身的关系。

2.深入研究设计个性的形成与空间、界面、家具、色彩、材料和照明设计等的关系。

3.学习利用模型制作进行室内空间设计。

4.掌握一般餐饮空间和展示空间的室内设计规律。

5.系统学习室内设计的设计步骤及表达方法。

二、教学内容

设想在上海茂名路一带有一26.4×9米的矩形建筑，现欲将其改造成一处艺术沙龙。

1.建筑环境：该建筑位于上海淮海路茂名路一带，周围是成熟社区，环境幽静。服务对象以白领及中高收入者为主。

2.建筑概况：该建筑沿街面，两侧是其他建筑，后面有一小门。沿街为26.4米（四开间，每开间6.6米），进深9米，总高度9米。建筑物为钢筋混凝土框架结构，梁高0.8米。

3.改造要求：要求将该建筑物改造成一处艺术沙龙，内容包括咖啡酒吧和画廊两部分，具体面积的划分及风格由设计者自定。在改造中，咖啡酒吧部分考虑设男女卫生间各一间，男女服务员更衣室各一间（5平方米/间），后勤用房一间（20平方米）；画廊部分设储物用房一间（15～20平方米），办公室3间（10平方米），VIP室一到二间；在建筑的后部可设辅助出入口一个。

改造过程中，应该考虑消防等建筑规范要求。

表6–1

阶段	内容	时间
1	调研，收集资料	1周
2	方案设计	4周
3	装修材料及细部调研	1周
4	调整方案	1周
5	上版	2周

三、设计进度及成果要求(见表6–1)

四、图纸（A1）内容包括

1.效果图三张（外立面、一层内部空间、二层内部空间）。

2.各层平面图（含铺地设计1：50）。

3.各层顶面图1：50。

4.主要立面图1：50或1：30。

5.若干节点详图，比例自定。

6.创意说明。

7.模型照片（两张）。

第三节 有关课程调研的基本说明

“从实践中来，到实践中去”，善于调查研究，善于从真正的环境中去发现问题，寻找问题的答案，对于弥补学生缺乏有关的生活体验是非常重要的。

一、调研的目的

一般的学习过程是听教师讲，或者自己看书本，相对来说，这些多是学习理性思维的成果。与之相比较，现实中的设计要感性和生动的多。书本上的设计原则和一组照片很难将这样真实的效果完全给呈现出来，总会有这样或那样的缺陷和不足，通过调研，目的之一就是为了真正加深对书本上的和平时上课论述的设计理论的认识。

第二，课程设计的基地调研是寻找设计依据的方法。因为设计依据除了业主的要求和国家的相关规范以外，像建筑周边的人文环境和现存的空间条件这些因素，通过现场的观察和思考，往往能够得到很新鲜的感性认识，更利于启发设计概念的形成；通过基地周边环境的调研，能明确可能存在的消费群体和主要的人流方向。这些因素对于设计功能的定位、形式风格的倾向，都具有一定的参考作用。

第三，为了进一步了解和熟悉设计的内容。

二、调研的内容

本设计名为“艺术沙龙”，是将画廊和咖啡酒吧作为一个组合体来思考。早在18世纪的伦敦，咖啡酒吧就是社会名流、艺术精英们纵论天下事、畅谈前卫文化的地方。如今，它也是中外文化交流的“窗口”；是人们、特别是年轻人调节情绪的休闲去处，它折射出一个城市的活力。因此，一直以来，咖啡酒吧的室内设计非常重视文化内涵和个性的张扬。将画廊作为此设计的组成部分，是为了更加突出此设计的一种文化定位，将艺术爱好者作为主要的服务对象。针对不同的设计内容，本课程的调研内容主要包括两个方面：咖啡酒吧和艺术画廊。

对于咖啡酒吧的调研工作主要应该包括这些方面的内容：

1.此设计外围的人文环境；

2.主要的消费群体；

3.平面布局的特点；

4.服务的流程；

5.构建形式风格的元素；

6.主要家具的式样与基本尺寸。

调研艺术画廊应特别关注以下几个问题：

1.当代画廊与传统美术馆展示内容相区别的地方；

2.展示空间的基本尺度要求；

3.展示空间照明的基本方式和照度要求；

4.不同的展示空间是如何表现其个性的。

三、成果要求

调研报告的文字不少于1 500字，图片若干张。装订成A4文本形式。

第四节 设计作业点评

1.作者调研的对象是坐落于上海南京东路先施大厦十二层的顶层画廊。报告从旁观者、管理者、后台老板、设计者等四个部分所收集到的资料对画廊的风格特征、经营管理、商业运作作了较详尽的论述和精彩的点评。整篇报告所收集的图文资料较全面，版面形式较别致。另外，作者对所涉及人物漫画式的肖像画，也为整篇报告平添了一抹亮色（图6－18～6－22）。

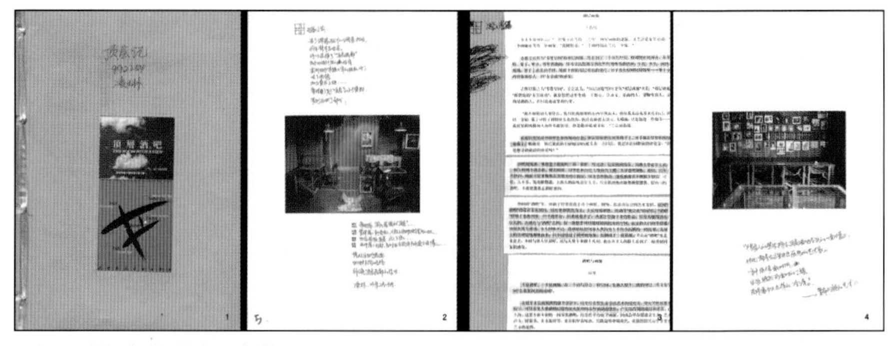

图6–18 调研报告 作者：凌琳

图6–19 调研报告 作者：凌琳

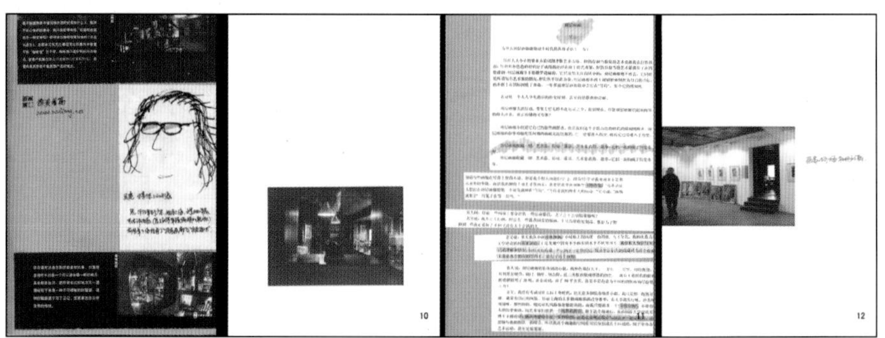

图6–20 调研报告 作者：凌琳

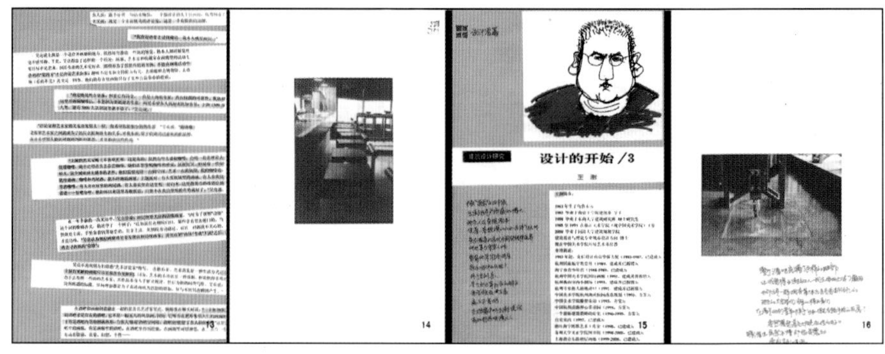

图6–21 调研报告 作者：凌琳

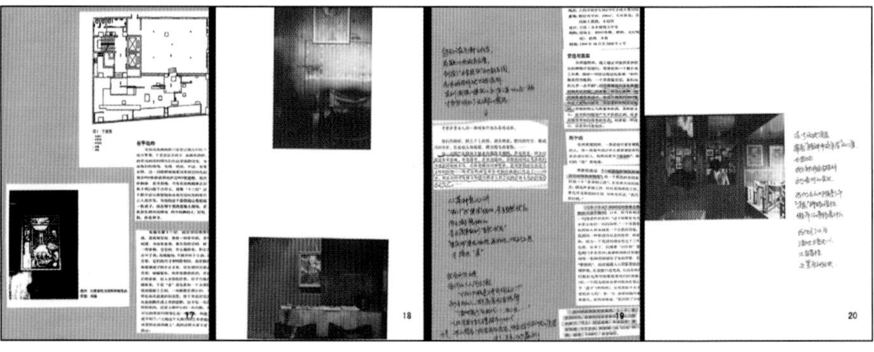

图6–22 调研报告 作者：凌琳

图6-23 艺术沙龙室内设计之一
作者：欧洹震（新加坡）

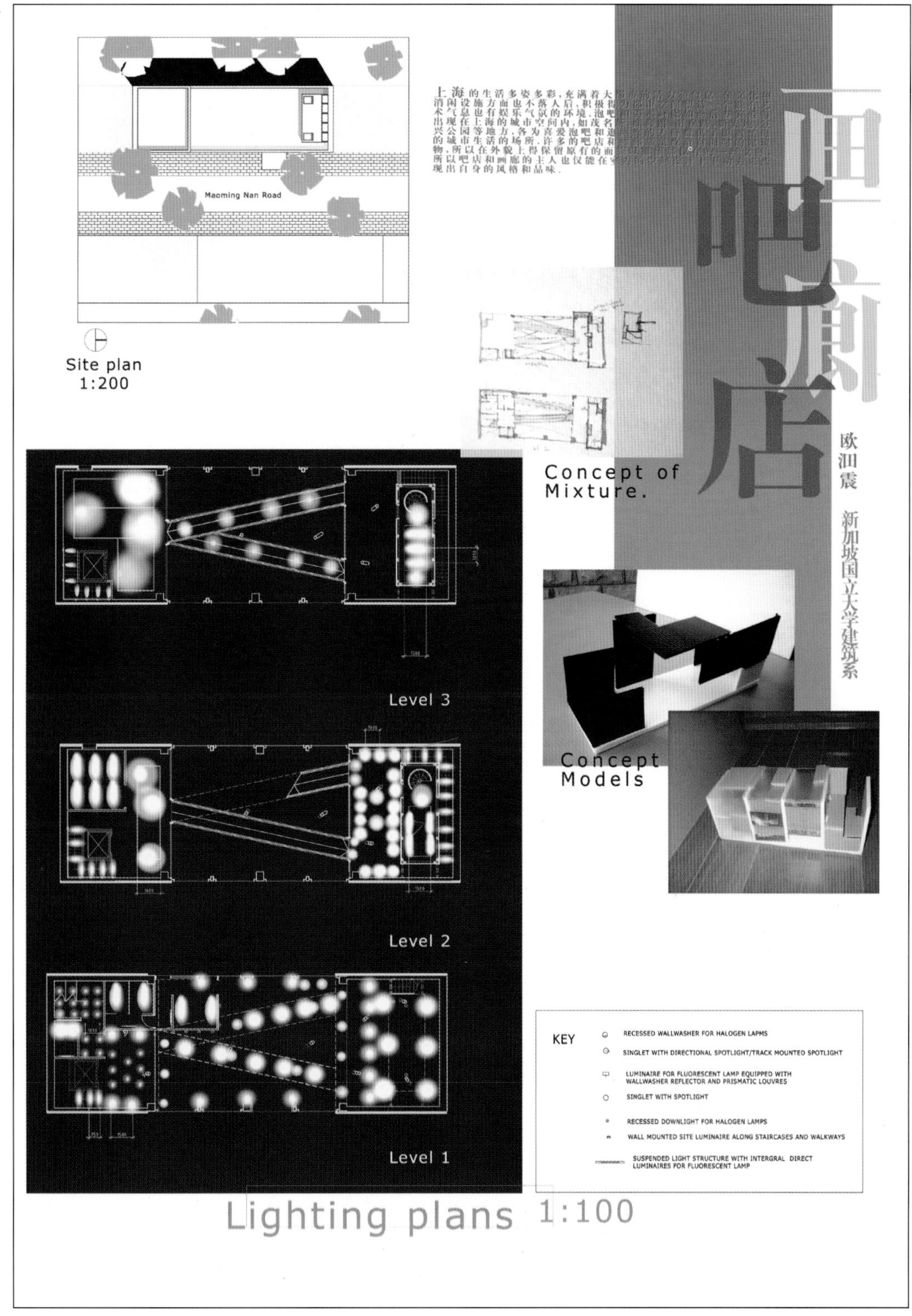

2.将酒吧放于中间两个开间，两侧两个开间是画廊；酒吧台置于一层，两侧的画廊是三层布局。通过上部连廊将画廊连接成一个整体，通过这个连廊，画廊与酒吧共同构成一个完整的商业运作空间。在一层的右侧设置了多功能空间，为举行某些活动和扩展某部门空间成为一种可能。不足之处是进入画廊主体部分的主楼梯和电梯的位置太靠里面，以至于人员活动的流线有一定的交叉和互相干扰(图6-23～6-26）。

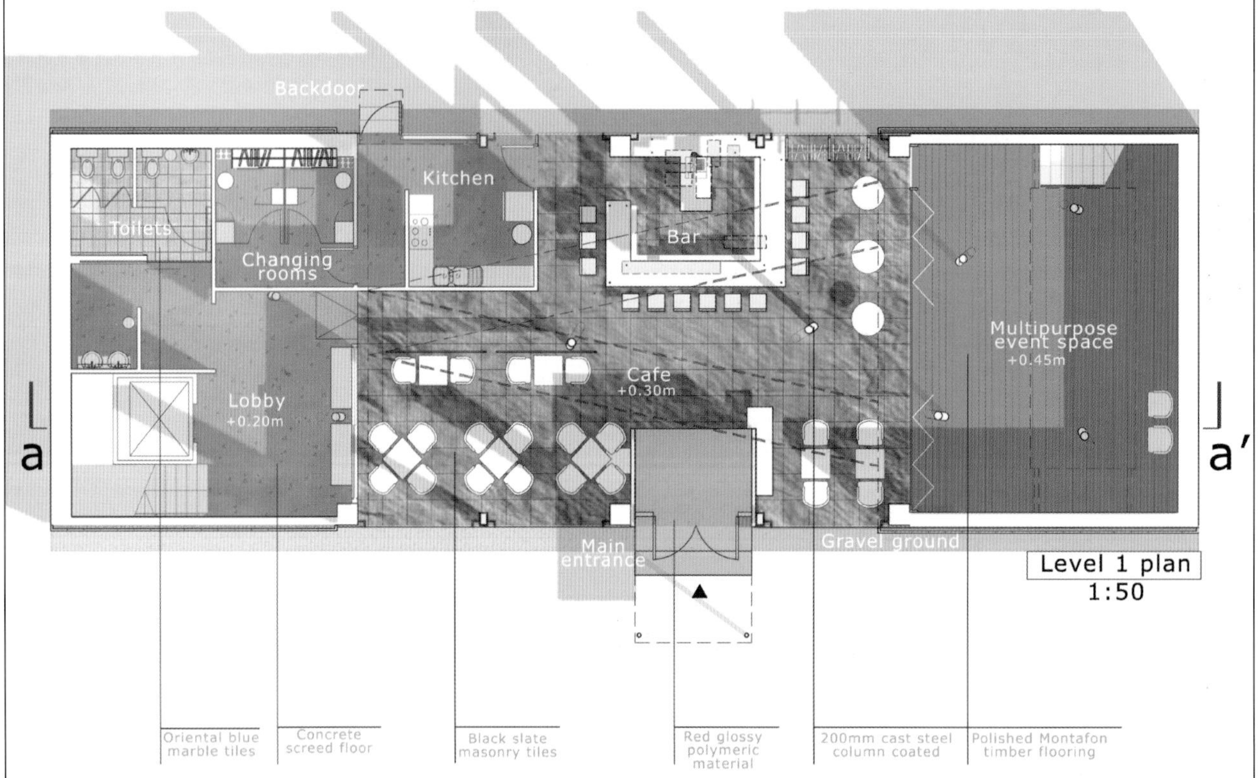

图6–24 艺术沙龙室内设计之一 作者：欧沺震（新加坡）

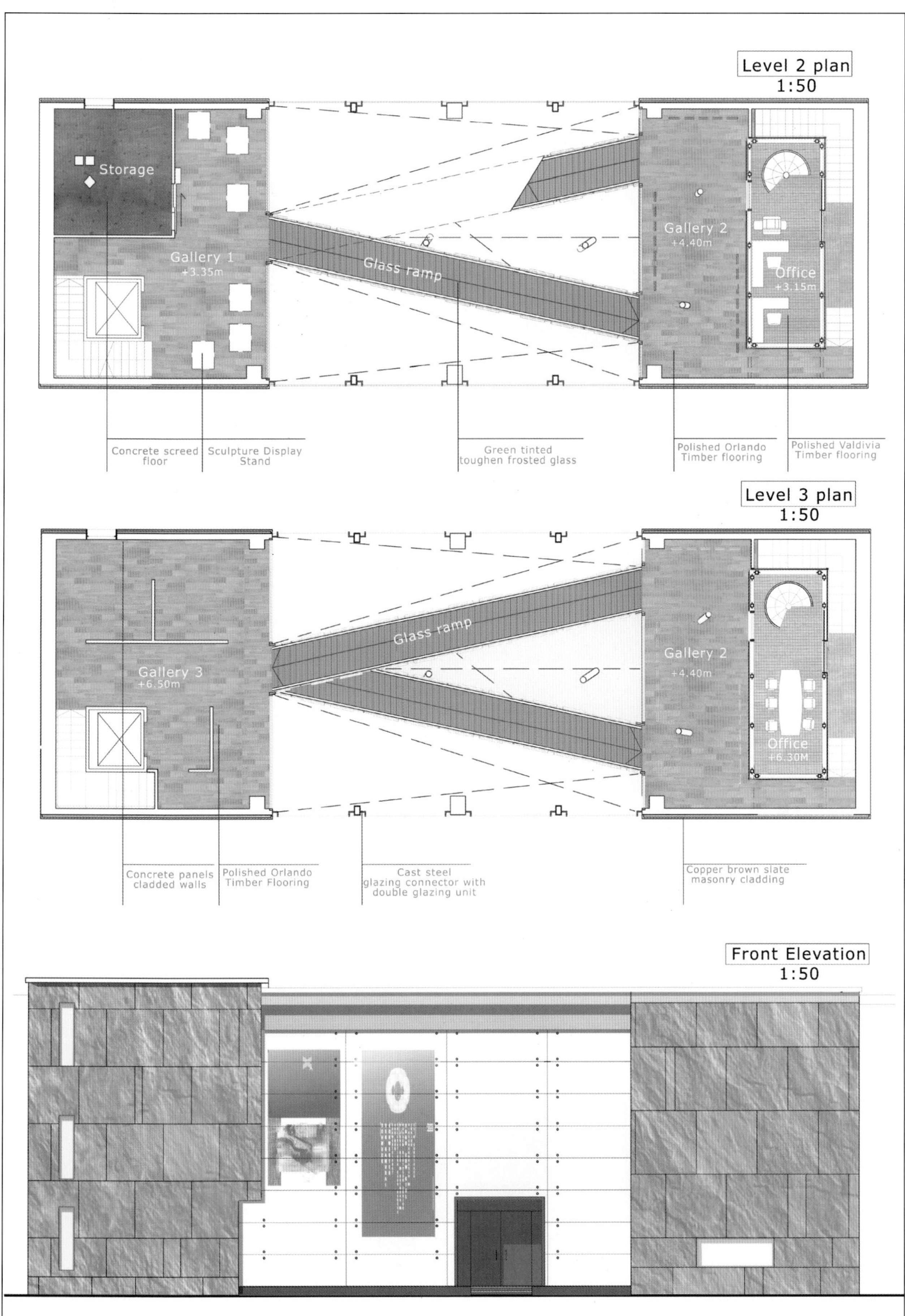

图6—25 艺术沙龙室内设计之一 作者：欧沺震（新加坡）

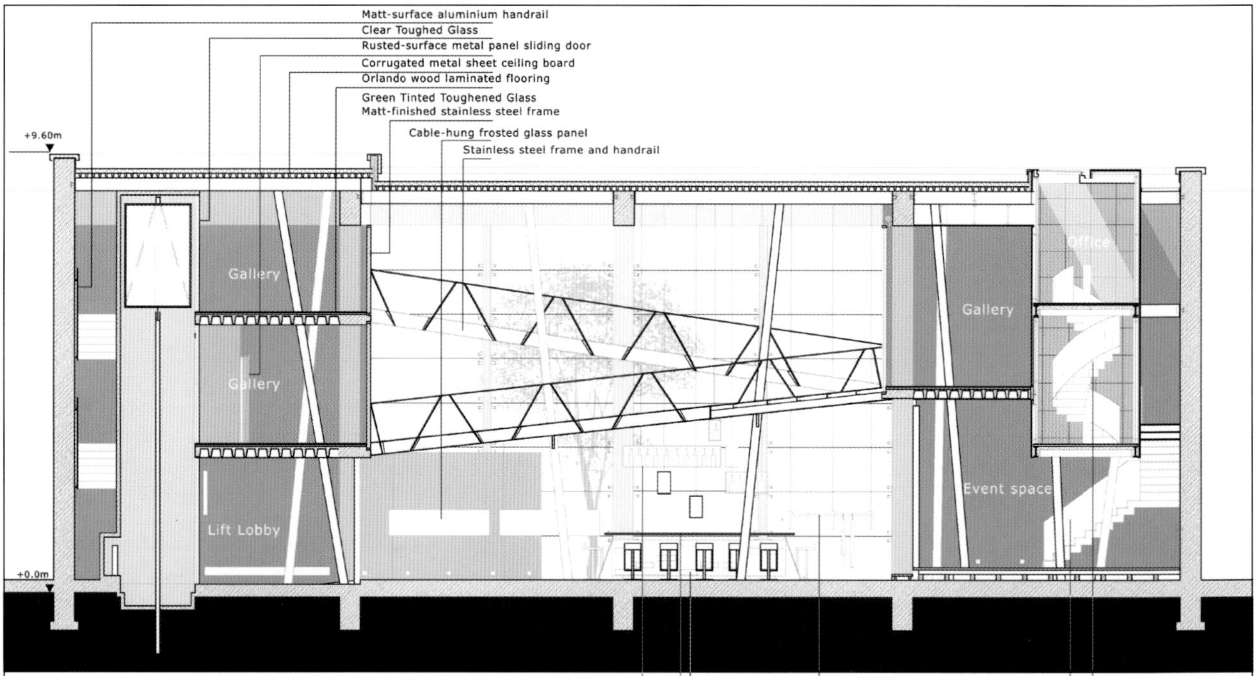

Matt-surface aluminium handrail
Clear Toughed Glass
Rusted-surface metal panel sliding door
Corrugated metal sheet ceiling board
Orlando wood laminated flooring
Green Tinted Toughened Glass
Matt-finished stainless steel frame
Cable-hung frosted glass panel
Stainless steel frame and handrail

+9.60m

Gallery
Gallery
Lift Lobby
Office
Gallery
Event space

+0.0m

Cable hung white translucent polymeric materiall made bottle rack
Cable hung white toughen glass bar top
Bar cabinent- steel frame cabinent with white translucent polymeric material
stainless steel coat hanger bar with green tinted toughen glass side panel
Clear glass glazing handrail panel with metal plated staircase
Steel spiral staircase with glass railing panel

SECTION AA'
1:50

Interior perspective of Level 3 Gallery

图6–26 艺术沙龙室内设计之一 作者：欧洄震（新加坡）

3．运用两个以上贯穿的空间，使得下部酒吧和上层画廊有了交流；空间形态组合中采用轴线变化的手法，使人感到艺术创造需要的那种活力和环境所给予的轻松、休闲的氛围。

整个平面功能的设置考虑得较细致和完整，整体风格较简洁，略显不足的是：一层的地灯设置没有展示与环境的要求相结合，一些细部的设计还需进一步深化调整（图6－27～6－31）。

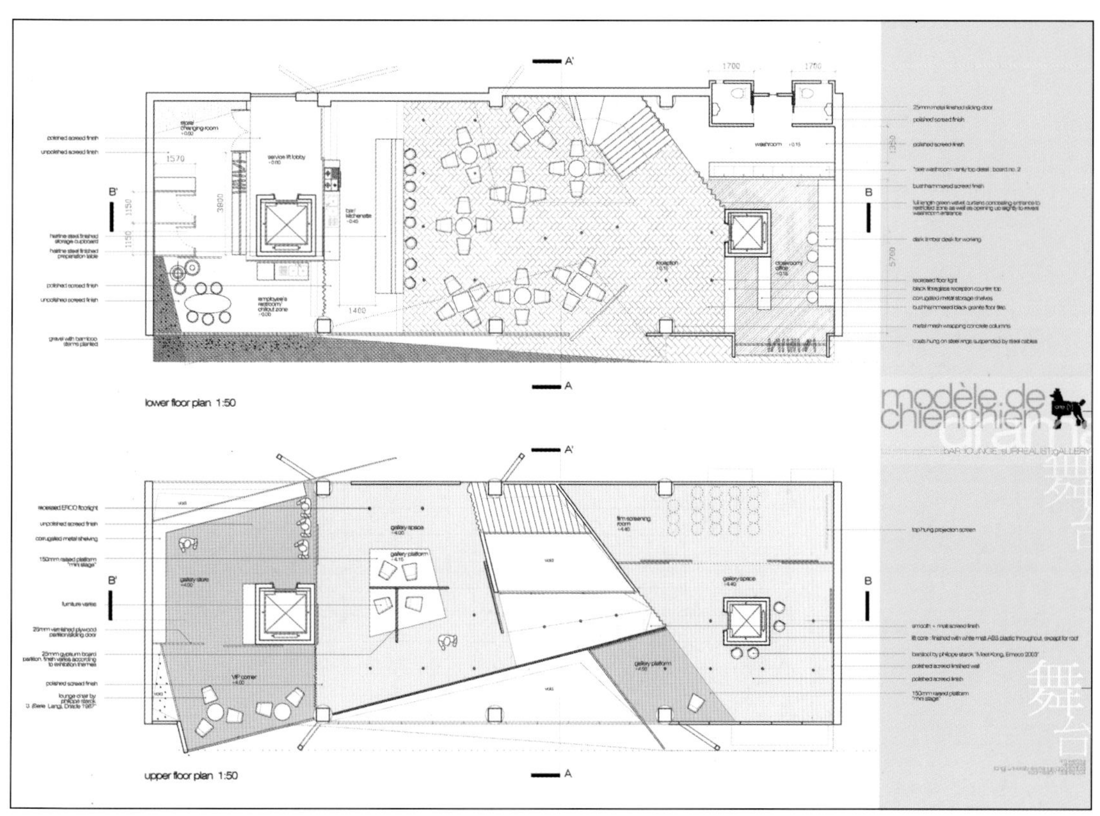

图6－27 艺术沙龙室内设计之二 作者：林雯慧（新加坡）

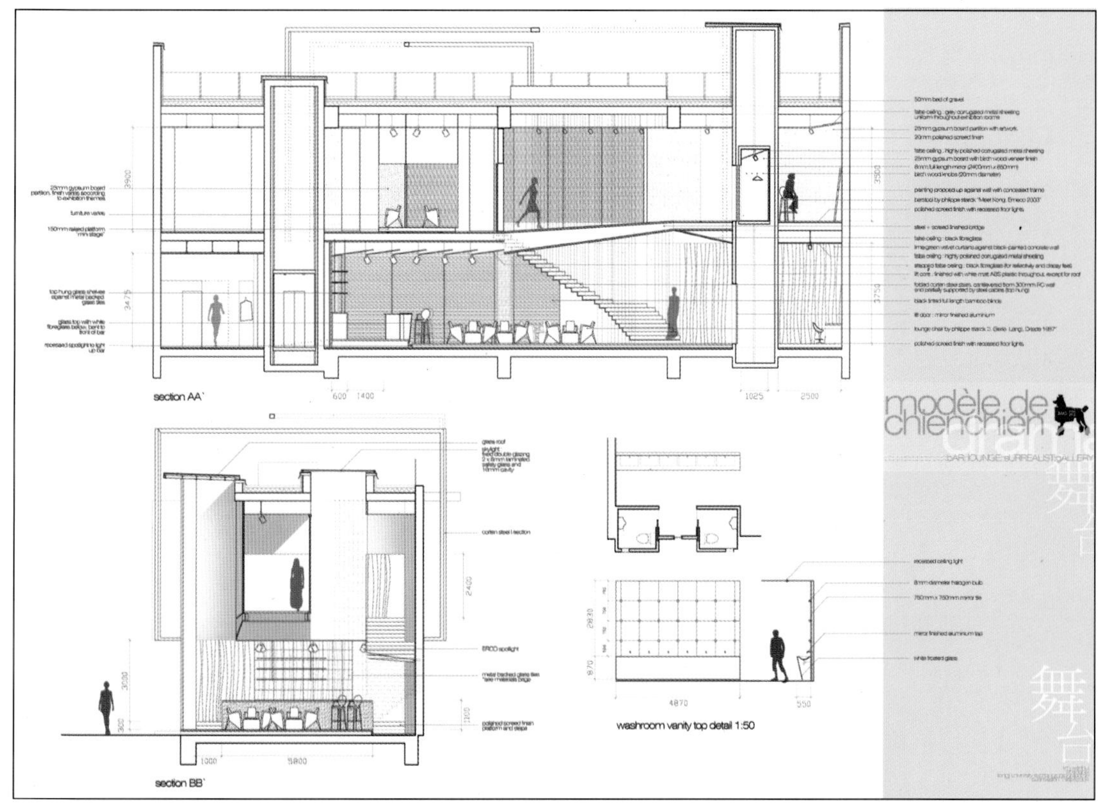

图6－28 艺术沙龙室内设计之二 作者：林雯慧（新加坡）

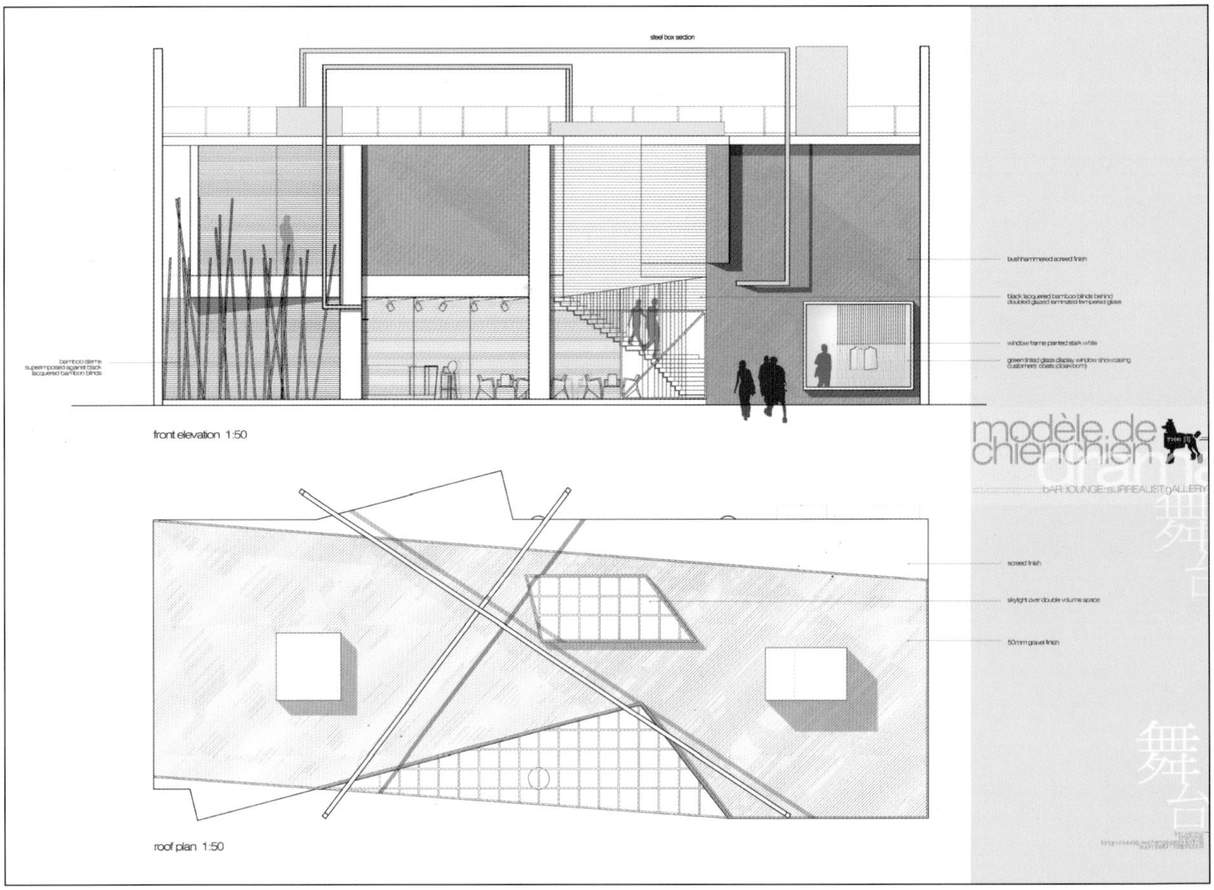

图6–29
艺术沙龙室内设计之二
作者：林雯慧（新加坡）

图6–30
艺术沙龙室内设计之二
作者：林雯慧（新加坡）

图6—31 艺术沙龙室内设计之二 作者：林雯慧（新加坡）

4.将窗口作为设计的主题。通过这些窗口，使得内部空间形成丰富多变的对景效果；通过这些窗口，内部的画廊展示、咖啡酒吧的景致与光怪陆离的街景形成互动。设计对于材料与人的行为方面的设想和自然光照效果的预想也是可圈可点的，对于立面设计上的材料及细部设计还缺乏深入的思考（图6－32 6－33）。

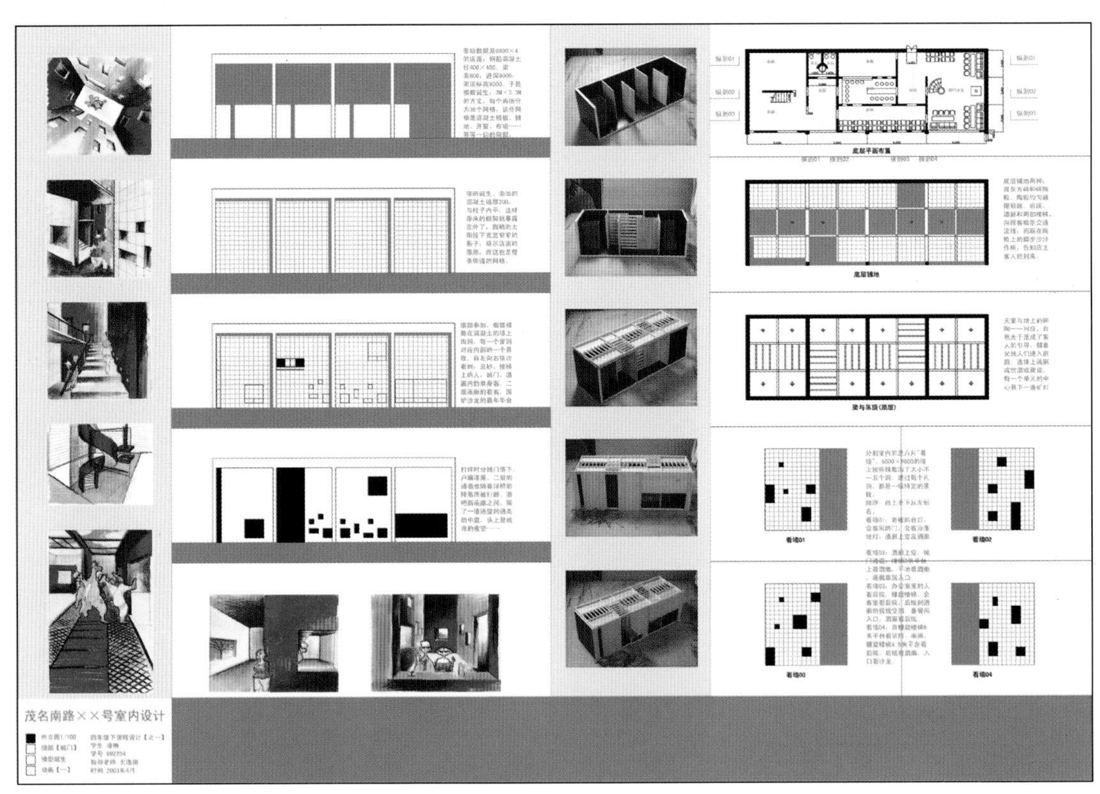

图6-32 艺术沙龙室内设计之三 作者：凌琳

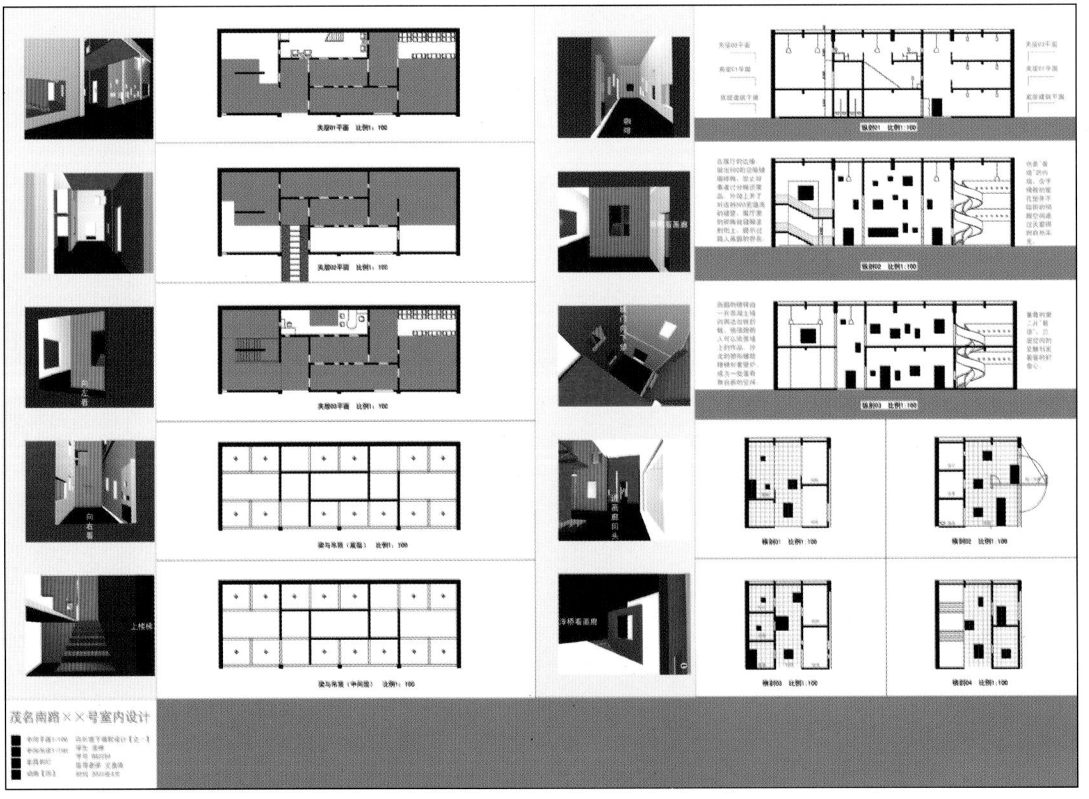

图6-33 艺术沙龙室内设计之三 作者：凌琳

5.空间的丰富与变化是这个设计的主要特点。另外，设计所运用的符号较时尚，细部设计深入。利用不同材料之间肌理的对比和虚实变化，以反映现代室内设计的特点。楼梯部分既是不同空间的连接体，又是设计表现的重点，体现了作者对设计语言有较强的把握能力。此设计的表现也较完整。不足之处是外立面所使用的语言过于丰富，反而削弱了个性（图6－34～6－36）。

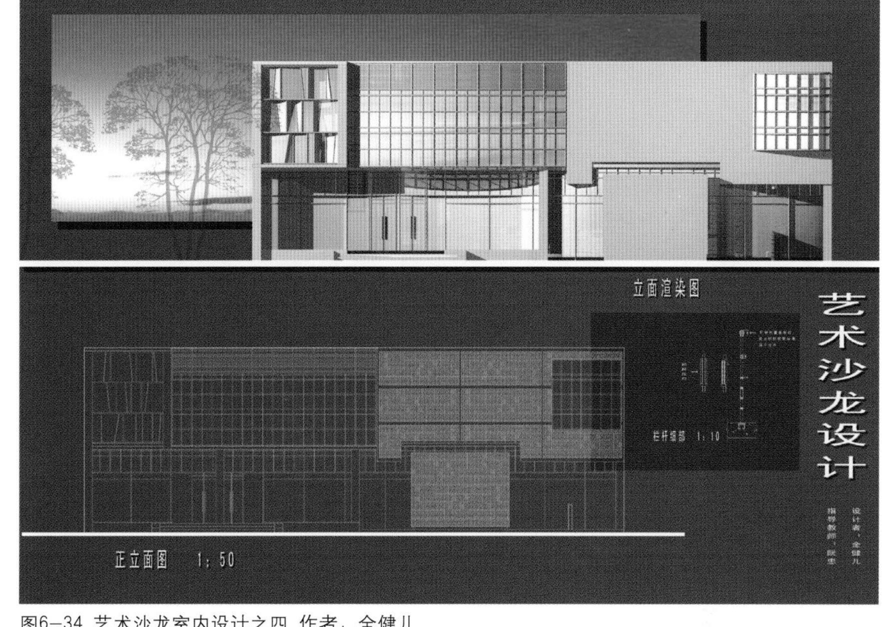

图6－34 艺术沙龙室内设计之四 作者：全健儿

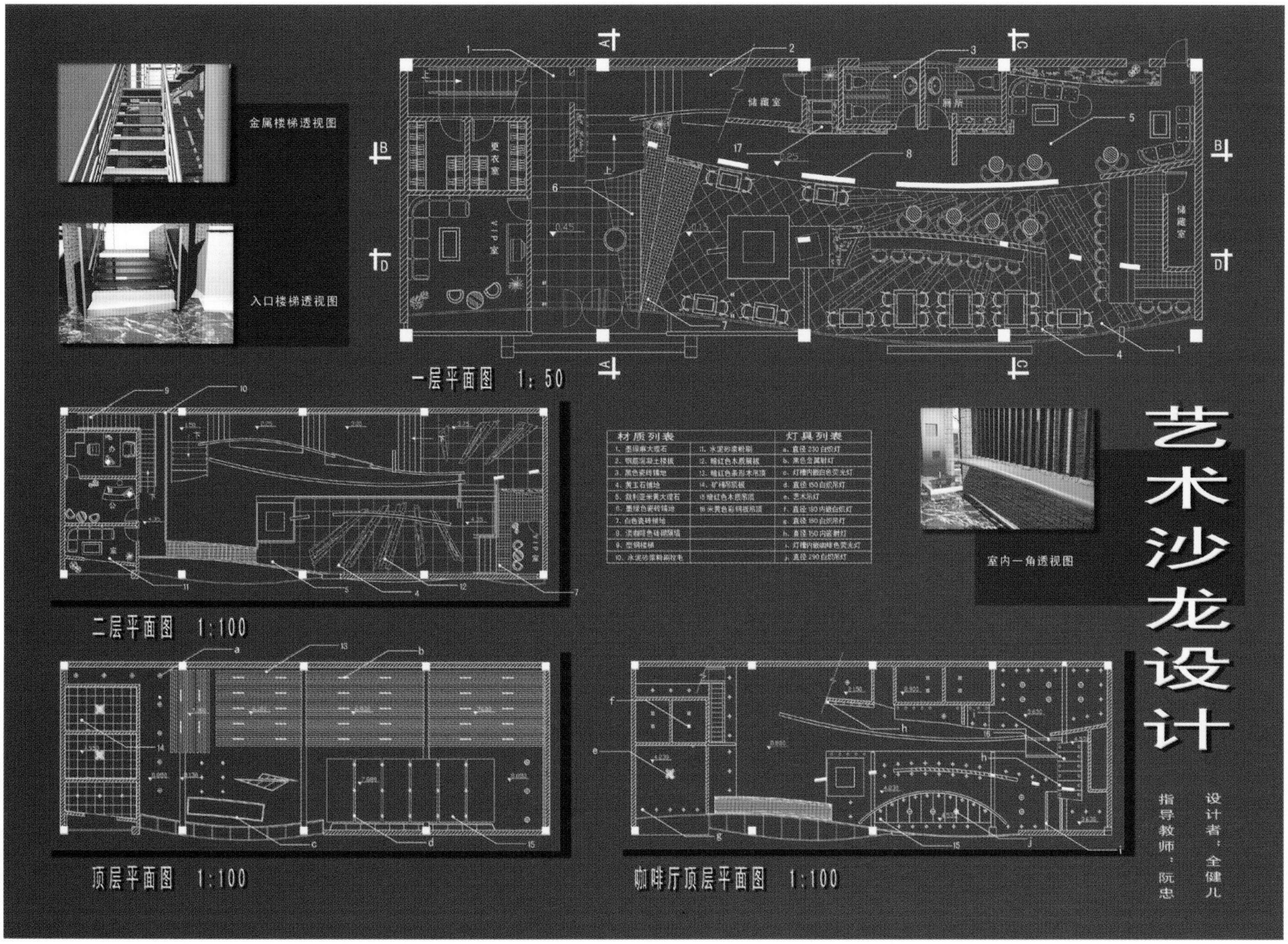

图6－35 艺术沙龙室内设计之四 作者：全健儿

图6-36 艺术沙龙室内设计之四 作者：全健儿

影响旅馆室内设计的因素
旅馆大堂室内设计
旅馆大堂室内设计任务书
设计作业点评

CHAPTER 7

课程设计——旅馆大堂室内设计

第七章 课程设计——旅馆大堂室内设计

第一节 影响旅馆室内设计的因素

一、不同的设计理念

“给顾客一个美好的经历，但无需过高的花费。”

——阿姆斯特丹友好集团公司

“酒店是一个拥有自己的个性特征，但又充满温馨的地方。它们犹如是朋友的房屋，有好客的情调。在那里，朋友欢迎你，照顾你；它们知道你的品位，使你感到回家的感觉，但又不显枯燥。”

——silken集团

“我们试图唤起一种未知的感觉——神秘而唯一，我们希望在下一个千年中彻底改变人们对旅馆的体验。”

——让·努维尔（建筑师）

“使顾客耳目一新并提升旅馆作为生活的剧场。”

——UNA Hotel集团

以上是世界著名旅馆管理公司和设计师对当代旅馆室内设计所采取的设计理念。其中既坚持为顾客提供一流的服务和“宾至如归”等一贯的设计理念，又提出了“个性化体验”的新内容，折射出时代所要求的多样化的旅馆室内设计的要求。

旅馆是旅游饭店的一种称谓，就是“能够以夜为时间单位向旅游客人提供配有餐饮及相关的住宿设施”。按不同的习惯，它也被称为宾馆、酒店、旅社、宾舍、度假村和俱乐部等。曾经的豪华旅馆在人们的印象之中就是动用昂贵的装饰材料和夸张的装饰，或者就是人们心目中的所谓“正统”的样式，但是这种现象正在逐渐变化。以舒适和个性化，呈现愉悦的氛围，和使用新技术和新材料正成为当代旅馆、酒店设计的主流。全球化并不意味着标准化，尊重地域文化是一个大的趋势。为了吸引来自世界各地的旅游者，在注重生活舒适便利的同时，更应在设计上注重本地特色和民族性的弘扬。一味模仿，随波逐流，不仅有违设计的精髓，也不利于在商业上的运作。

与此同时，明确旅馆、酒店不同的服务对象的期望，也有助于建立正确的设计理念。对于大多数以商务为主要目的的人员来说，他们往往更加热衷于那些已是熟悉的而不是那种陌生风格的旅馆酒店，因为他们的主要目的不是旅游，而是希望熟知的旅馆能为他们的商务目的提供不出意外且稳定的服务；而那些短期度假的人则对具有地方特色的旅馆有兴趣，因为他们希望能在繁忙的工作之余，在新的环境中，使人的心理得到彻底的放松和休息。对于他们来讲，也许此地是平生第一次到来，特色是最感兴趣的。正因为有如此不同的目的，针对商业高度发达的城市中心的旅店和在度假胜地的酒店，以及其他不同类型的旅馆应采取不同的设计策略。

进入20世纪末，旅游业日益成为一个国家或地区经济发展的支柱产业，在如何吸引更多游客的竞争中，原创和变化显得更为重要。将传统美学融合当代的时尚，注重和环境的协调关系，注重技术含量的体现是当代旅馆、酒店设计的关键所在。

二、国家《旅游饭店星级的划分与评定》条例对室内设计的导向作用

《旅游饭店星级的划分与评定》以下简称《评定》，是我国专门针对旅游饭店管理和建设的权威性指导性文件。它对规范服务内容，提升服务质量，起到了巨大的作用。《评定》主要内容包括：国家标准、设施设备及服务项目评分表、设施设备维修保养及清洁卫生评定检查表、服务质量评定检查表、服务与管理制度评价表等文件。这些文件条例对于设计师从诸多方面了解饭店、酒店的运行具有非常好的借鉴作用。同时，条例对于设计所涉及到的相关内容作了非常细化的规定，它不仅使设计的内容更具针对性，而且对于评价设计效果也具有一定的指导意义。

相对而言，《评定》中的国家标准和设施设备及服务项目评分表对于室内设计的开展具有直接的指导作用。国家标准部分对于一星至五星级饭店的总体要求和各个相关部门的服务应有的具体内容和质量都作了较为详细的规定。考虑到本课程设计是有关旅馆大堂设计的内容，现将《评定》国家标准部分中三星级、五星级饭店前厅的具体内容摘录如下，以备设计参考。

1.三星级饭店前厅的基本要求

(1)有与接待能力相适应的前厅。内装修美观别致。有与饭店规模、星级相适应的总服务台；(2)总服务台各区段有中英文标志，接待人员24小时提供接待、问询、结账和留言服务；(3)提供一次性总账单结账服务（商品除外）；(4)提供信用卡结算服务；(5)提供饭店服务项目宣传品、客房价目表，所在地旅游交通图、所在地旅游景点介绍、主要交通工具时刻表、与住店客人相适应的报刊；(6)24小时提供客房预订；(7)有饭店和客人同时开启的贵重物品保险箱。保险箱位置安全、隐蔽，能够保护客人的隐私；(8)设门卫应接员，16小时迎送客人；(9)设专职行李员，有专用行李车，18小时为客人提供行李服务。有小件行李存放处；(10)有管理人员24小时在岗值班；(11)设大堂经理，18小时在岗服务；(12)在非经营区设客人休息场所；(13)提供代客预订和安排出租汽车服务；(14)门厅及主要公共区域有残疾人出入坡道，配备轮椅，能为残疾人提供必要的服务。

2.五星级饭店前厅的基本要求

(1)空间宽敞，与接待能力相适应，不使客人产生压抑感；(2)气氛豪华，风格独特，装饰典雅，色调协调，光线充足；(3)有与饭店规模、星级相适应的总服务台；(4)总服务台各区段有中英文标志，接待人员24小时提供接待、问询和结账服务；(5)提供留言服务；(6)提供一次性总账单结账服务（商品除外）；(7)提供信用卡结算服务；(8)18小时提供外币兑换服务；(9)提供饭店服务项目宣传品、客房价目表、中英文所在地交通图、全国旅游交通图、所在地和全国旅游景点介绍、主要交通工具时刻表、与住店客人相适应的报刊；(10)24小时接受客房预订；(11)有饭店和客人同时开启的贵重物品保险箱。保险箱位置安全、隐蔽，能够保护客人的隐私；(12)设门卫应接员，18小时迎送客人；(13)设专职行李员，有专用行李车，24小时提供行李服务。有小件行李存放处；(14)有管理人员24小时在岗值班；(15)设大堂经理，18小时在岗服务；(16)在非经营区设客人休息场所；(17)提供代客预订和安排出租汽车服务；(18)门厅及主要公共区域有残疾人出入坡道，配备轮椅，有残疾人专用卫生间或厕位，能为残疾人提供必要的服务。

在《评定》的设施设备及服务项目评分表部分对不同星级饭店的相应最低总分数作出了明确的规定。对于不同大项、分项、次分项和小项应得分数也作出了规定。这些规定对于从硬件上控制饭店的质量具有重要的作用。表7-1是有关饭店前厅的部分内容：

表7-1

	设施设备及服务项目评分表	各大项总分	各分项总分	各次分项总分	各小项总分	计分
3	前厅	59				
3.1	前厅公共面积（不包括任何营业区域的面积，如总服务台、商场、商务中心、大堂酒吧、咖啡厅等）		8			
	不少于1.2m²/间客房或不小于400m²					8
	不少于1.0m²/间客房或不小于350m²					6
	不少于0.8m²/间客房或不小于300m²					4
	不少于0.6m²/间客房或不小于250m²					2
	不少于150m²					1
3.2	地面装饰		10			
	优质花岗岩、大理石或其他高档材料（材质高档，色泽均匀，拼接整齐，装饰性强）					10
	普通花岗岩、大理石或其他材料（材质一般，有色差，拼接整齐，装饰性强）					7
	优质木地板（材质高档、色泽均匀、地面有线条变化）或满铺高级地毯					5
	普通木地板或水磨石					2
3.3	墙壁装饰		8			
3.3.1	材料			6		
	优质花岗岩、大理石或其他高档材料（材质高档，色泽均匀，拼接整齐，装饰性强）					6
	优质木材或高档墙纸（布）（用优质木材装修，立面有线条变化；高档墙纸包括丝质及其他天然原料墙纸）					4
	普通花岗岩或大理石					2
	墙纸或喷涂材料					1
3.3.2	艺术装饰			2		
	有壁画或浮雕或其他美术品装饰					2
	有艺术装饰					1
3.4	天花		5			
	工艺精致，造型别致，格调高雅					5
	工艺较好、格调一般					3
	有装饰					1
3.5	灯具		6			
3.5.1	档次			4		
	豪华灯具					4
	高级灯具					2
	普通灯具					1
3.5.2	照明			2		
	照明良好，设计有专业性，充分满足不同区域的照明需求					2
	照明一般					1
3.6	贵重物品保管箱		5			
3.6.1	数量			2		
	不少于客房数量的15%					2
	不少于客房数量的8%					1
3.6.2	不少于3种规格			1		1
3.6.3	位置隐蔽、安全、能保护客人隐私			1		1
3.6.4	饭店和客人可以同时开启			1		1
3.7	由客人自行开启存放的雨伞架		1			1
3.8	有中心艺术品，形成良好的文化氛围和感观效果		2			2
3.9	总服务台		3			
3.9.1	装饰			2		
	装饰精致，格调高雅					2
	装饰一般					1
3.9.2	中英文标志规范，显著			1		1
3.10	有委托代办服务（“金钥匙”）		2			2
3.11	旅游信息电子查询设备		1			1
3.12	前厅整体舒适度		8			
	区域划分合理，方便客人活动					2
	各部位装修装饰档次匹配；自然花木修饰美观，摆放得体，令客人感到自然舒适					2
	光线、温度适宜，无异味、无烟尘、无噪音、无强风					2
	色调、格调、氛围相互协调					2
3.13	商店、摊点置于前厅明显位置，严重影响气氛					−4

通过以上这些数据，读者不难发现《评定》中，设施设备及服务项目评分表的具体内容对于设计内容的控制、质量的要求以至于整体效果应达到的感觉都罗列出具体的要求，并通过分值表示出此项在整体标准中的权重，这些对于设计师在设计中抓住主要矛盾，使设计更贴近服务，接轨国际标准具有指导和实践意义。

但此部分的内容也有些不尽合理。比如表中装修材料用得越贵重，分值也就越高的观点笔者就不敢苟同。材料的使用与设计的档次、风格和形式有密切的关联性，但这与贵重与否不一定有必然的因果关系。豪华的材料由于不恰当的搭配，也会显得俗气平庸；而价廉的材料通过合理的搭配也有可能显得非同一般而且高贵。对于强调材料色泽均匀的要求，笔者认为也不够贴切。因为有的效果就是追求材料之间有色差反而显得更加有意味而自然。所以，对《评定》此部分有些内容的提法还是有待商榷的。但无论怎样，《评定》的内容对于从事旅馆设计的建筑师和室内设计师具有很高的参考价值。

三、影响旅馆室内设计的其他相关因素

从一般的角度理解，室内设计应是在建筑设计完成以后再开始进行的，但对于新建的旅馆酒店来说，室内设计的介入往往是在建筑设计的过程中就已开始了。道理是由于旅馆的投资者和经营者可能是两个不同的单位。当经营者接手旅馆以后，经营者会以自己的管理模式和要求，对设计的内容和装修提出更加具体的要求，此时建筑设计即使已进入施工图阶段，甚至有的项目已开工建设，在条件允许的情况下，业主也会要求设计单位进行修改。

旅馆管理公司提出的设计要求是从具体的商业运作和效益要求来考虑设计总体上应采取的理念和对策。与之相比较，设计师对市场变化的信息是较匮乏的，对旅馆的管理缺乏深入的了解，所以管理公司的要求对设计具有积极的指导意义。另一方面，每个旅馆管理公司对所管理的旅馆一般都有一个较统一的风格要求，有些甚至具体到用色系列和织物的图案，对于那些具体的要求，室内设计师在方案的初期就应将之作为设计的依据来对待。

在此笔者摘录Meridian管理公司对于旅馆大堂设计的要求，以备参考：

1.大堂和接待区必须与入口相邻，接待区应与入口处于同一楼层面；

2.大堂创造居住的感觉，有"宾至如归"的气氛，而不仅是创造一种高大和纪念性的效果；

3.强化开敞空间，对外有良好的景观，尽可能少的障碍物，譬如过分厚重的窗帘、非常低的吊顶、扶手等等；

4.总的设计个性特点由当地的工艺品、艺术家的原作和家具构成，复制的和混合风格应尽可能避免，空间尺度应能适合私人的居住要求；

5.装饰的补充——高质量的家具、镜子、地毯、雕塑、银器，放有鲜花的展台应尽量布置在入口附近；

6.避免使用深颜色；

7.高档的材料尽可能受到自然光的照射，流线的指向、招牌和装饰的强调用人工照明；

8.电器多回路，并将开关设在总台；

9.接待功能、相聚、信息传递和活动的结合点是大堂的主要功能；

10.前台是宾馆所有服务的中心点。能见到客人的到来，客人进入旅馆更能一眼看到总台，总台必须标志清楚和有良好的照明；

11.大堂是多种服务的起点。

由此可见，将旅馆管理公司对设计的基本要求纳入设计最根本的依据之中，对于旅馆硬件达到一定的服务水准，提高未来商业运作的效率是至关重要的。同时，对于建筑空间现已存在的空间特点的表述，如何化解结构上可能存在的限制和制约，也是设计师在设计过程中必然需要花精力去解决的问题。设计是有条件的，这种条件还来自于空调、水、电等设备管线对空间设计的限制，如何将这些限制条件、空间的形态设计和界面细部设计有机地相结合，也同样是设计创造性的表现。当然，整个工程的造价和工期限制也同样会对设计带来重大影响。

总之，旅馆是含居住、餐饮、娱

乐、商务等多种功能的综合体，服务的对象层次范围广，流动性也大，为了营造一种具有个性的，并能服务于大众的环境气氛，设计师必须将自己的创新理念与国家规范和旅馆管理者的具体要求有机结合，重视和认识现存建筑空间和建筑技术对设计的制约作用，并把这种要求和制约作为创作真正的立足点之一。

第二节 旅馆大堂室内设计

旅馆大堂是顾客接触旅馆的第一室内空间，它是旅馆前厅部的主要工作场所，它的环境质量和服务质量是整个旅馆形象的重要标志。由于其突出的功能位置，较高大的空间和体量，往往成为旅馆室内设计的重点。

一、旅馆大堂室内设计的主要内容及其相互关系

将自己比作是客人、管理者、或者是内部的工作人员来理解和梳理设计的内容，顺着他们在大堂环境中各不相同目的的思路，就自然而然得出大堂应该包括和应布置的内容有：客人出入口、团体进出入口、总台、会客休息场所、大堂副理办公桌、行李房、商务中心、保险箱室、通向客房及其他场所的电梯厅、前厅办公室、卫生间以及酒吧或自助餐厅等内容。

它们的相互功能关系见图7−1。

二、设计的基本要求

从旅馆的室内设计言，一个良好的旅馆大堂总体上应该达到下列要求。

1.清晰的功能与流线

入口门厅、总台区、前台办公区，保险箱室、大堂副经理座位、电梯厅、大堂酒吧等相关功能空间分区应明确，流线之间互不干扰且衔接合理。

2.完善的服务设施

总台的位置能兼顾其与出入口和电梯厅之间的关系。在其前方有足够的等待服务的空间，总台的长度应与旅馆的规模相匹配，前台办公区应紧邻总台布置；贵重物的保险箱室宜尽可能靠近总台，这样能方便管理；大堂卫生间应设在较隐蔽且方便使用的位置，卫生间的门不应直接对着大堂，并应设置专供残疾人使用的卫生间；旅馆必须有完善的标志设计，引导顾客到达不同的区域。另外，为了营造特定的气氛，大堂还应结合平面功能的安排，布置一定量的绿化和艺术品，这对于大堂的设计以至旅馆整体形象会产生重要的影响，亦是室内设计不可或缺的内容。

3.鲜明的风格特征

旅馆大堂是顾客进入旅馆的第一空间，因此，鲜明的风格特征有助于迅速地在顾客的心目中竖立起一个形象。形象的特征犹如一个无声的广告：告诉顾客旅馆遵循的服务理念和服务品质；也能引发顾客的好奇心，唤起兴奋的情绪，促使业主商业目标的实现。

三、旅馆大堂的总台设计

大堂中的家具主要包括：大堂的总台、大堂副经理办公桌、大堂副经理办公椅、放艺术品的桌或台、休息区的桌椅、大堂酒吧的吧台和客人的桌椅等等。家具的布置在一定程度上会引导人的行为，因此，家具的平面布置应依据大堂整个功能分区安排和分区内服务流程的要求进行设计，形式风格应与整体要求相吻合，在选材上应注意要易清洁。

在整个大堂室内设计所包括的家具之中，总台应是一个设计重要内容。这是因为大堂的总台是为客人提供住宿登记、结账、问询、外币兑换等综合服务的场所。它是整个旅馆服务的中枢。由于其突出的位置和体量，往往成为大堂视觉的焦点，它的形式和细部设计对于整个大堂设计的形式风格也至关重要。

我国《旅馆建筑设计规范》一、二、三级旅馆总台的长度按0.04米/每间计，当超过500间客房时，超过部分按0.02米/每间计。国外设计公司，如喜来登设计与开发国际公司对总台的长度也做出了一定的规定：当房间是200间时，总台长度为8米；当房间数为400间时，总台长度为10米；当房间数为600间时，总台长度为15米。总台两端不宜完全封闭，目的是为了工作人员随时为客人提供个

性化服务。

总台的高度分为三个部分：顾客区约为1.05～1.10米；服务书写区约0.9米；设备摆放区的高度视实际使用情况而定。

总台一般由若干个相同的工作单元组成。每个工作单元通常应包括：一台电脑、一部电话机、一台账单打印机和一组抽屉柜等。

总台典型的平面和剖面如图7-2、图7-3所示。

四、旅馆大堂的照明设计

旅馆大堂照度应控制在200Lux～300Lux之间。200Lux作为功能性的照度要求，在作业区的照度应在300Lux左右。在大堂中需要重点照明的位置包括：总服务台，这里有登记作业的需要；休息坐席区域，这里偶然要进行阅读；放置艺术品的地方和电梯厅等需要引人注目和引导人流的地方。

在大堂室内设计的照明方式中，除了直接照明外，常运用间接照明的方式——灯槽——使界面呈现不同的层次和搭接关系，对于拱托气氛、营造温馨、浪漫的情调亦是比较有效果的。根据设计的风格和功能上的需求，大堂照明所采用的灯具形式主要包括：嵌入式筒灯、射灯、槽灯、水晶吊灯、定制灯具和壁灯等。

安装在灯具上的光源主要有：白炽灯、节能灯、卤钨灯、金卤灯、荧光灯以及LED等。

五、旅馆大堂的装修材料

旅馆作为公共建筑，在选择材料上除了应与设计的效果和使用功能相吻合外，还应考虑到防火、坚固、耐磨和易清洁的特点。按照国标《建筑内部装修设计防火规范》中有关〞高层民用建筑内部各部位装修材料的燃烧性能等级〞对高级旅馆门厅等位置的材料燃烧性能规定为：顶棚—A、墙面—B1、地面—B1、隔断—B2、固定家具—B2、窗帘—B1、帷幕B2、家具包布—B2、其他装修材料—B1。所以常用的装饰材料主要包括：天然石材、各种金属、玻璃、各种石膏板、水泥板、复合板、经阻燃处理的木材和经阻燃处理的各类织物等。

明确每个界面的防火等级要求和可能选用的材料品种，对于方案决策时，推敲细部，估计效果的可操作性是非常有帮助的。因为设计效果取决于材料的性能和其本身基本构造要求，从某种意义上讲，材料决定了效果。在方案阶段对材料特性的正确认识，也有助于以后的进一步深化设计。

六、介绍几种出自不同设计理念的旅馆大堂室内设计

1.豪华经典型

对奢华、豪华的理解每个人不尽相同，但大多数人将具有中外古典风格的室内设计认作为豪华的象征，因为曾几何时，它们代表着权力和

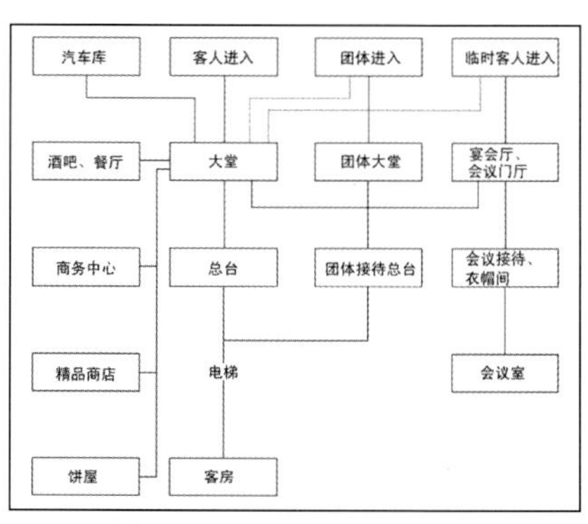

图7-1 功能关系图

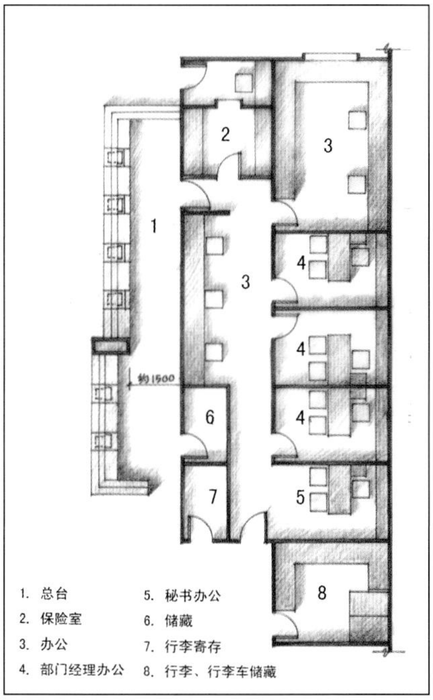

1. 总台
2. 保险室
3. 办公
4. 部门经理办公
5. 秘书办公
6. 储藏
7. 行李寄存
8. 行李、行李车储藏

图7-2 总台及相关部门平面

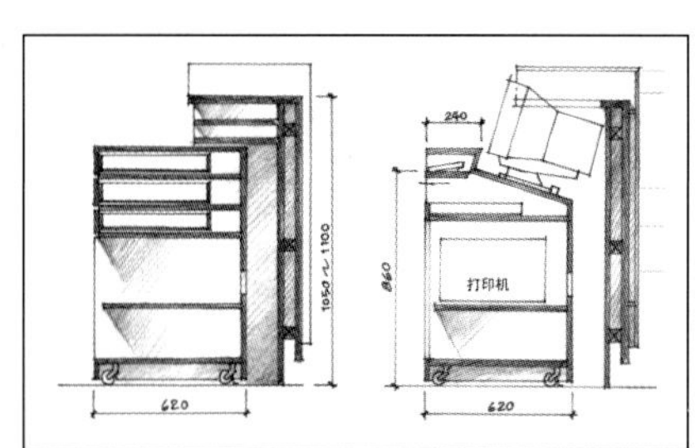

图7-3 总台剖面示意

图7-4 香港某宾馆大堂设计

图7-5 Gran Domine旅馆窗外的古根海姆博物馆

图7-6 Gran Domine旅馆外立面

图7-7 Gran Domine旅馆大堂设计

图7-8 Gran Domine旅馆大堂设计

图7-9 某旅馆大堂设计

地位，是贵人的生活方式。这种形式为何至今没有引起视觉疲劳，一方面它们凝聚着古人对美的认识；另一方面，人们希望通过与这种环境的对话和拥有，以表达对经典艺术的认同，和生活品位上的高追求。因此，在当代旅馆大堂设计中，为了营造豪华氛围，将古典风格的设计符号作为主要的形式语言就是其中一种主要方式。图7-4在界面的收边处采用了古典线脚的处理手法；地坪材料的镜面反射呈现晶莹剔透的效果，再结合色彩的有机搭配、艺术品的点缀，使整个设计尽现雍容、奢华的氛围。

2.地域文化型

就旅游者来说，对地域文化的关注是共同的心理特征。所谓地域文化型的旅馆大堂室内设计，就是运用空间、界面细部、装饰符号、色彩、材料等设计语言，表现一种独特的地方特征和文化环境，使人备感独在异乡的新鲜感和不同文化的熏陶。坐落于西班牙城市Bilbao的Gran Domine旅馆与盖里设计的古根海姆博物馆临街相望。古根海姆博物馆成为影响旅馆设计的重要因素（图7-5、7-6）。从建筑的外立面和室内立面来看，你无不感到这种影响所在。设计的概念是以旅馆参与城市活动为主线，旅馆被认作为城市的一个地标。在整个设计中，也许最具象征性的元素是金属状网结构内填鹅卵石所组成的巨型雕塑，其高度几乎与中庭一样，设计师Javier Mariscal想借此来表现Bilbao（城市名）的性格——“另类”和“超前”（图7-7、7-8）。笔者认为这正是这个室内环境的深层意义所在，它象征着一种地域文化精神。

为了彰显地域文化，应该重视周边的建筑风格与环境对室内设计形式的影响，在选用家具与艺术品时，也尽量使用能体现出地方的特色和风格。图7-9中造型、色彩之间的相互关系、灯光所形成的干净的“白”，再结合素雅的地毯图案将日本风格体现得淋漓尽致。

3.简约型

面与面的交接是那么的纯粹和直率，为了突出建筑本身的特点，那些纯装饰的手法被避免了，从覆盖界面材料的排版拼接上透视出了设计师欲从简洁中体现出一种精致。整个风格是前卫的，但又是优雅的。这就是柏林Grand Hyatt旅馆大堂给我们留下的印象（图7-10）。设计的细部没有强光影的对比效果，但它更多的是呈现现代工业文明的成果，形式是简约的，但同样也透射出一种高贵的气质。

4.明晰的设计意象

当技术发展到21世纪，我们可用于设计的语言和材料的多样化是前所未有的。设计师的任务之一就是如何在浩繁的语言和材料中选择适合个体设计的元素。同样，有很多感觉值得去尝试，但对于一个特定的设计，设计师必须对多个感觉进行筛选和梳理。有时只须清楚一种方向，是纯粹的，无需用过多的语言变化，同样能产生难以忘怀的感觉。

捷克首都布拉格的Andel's旅馆所表现的设计意象，就是那种似乎看得真切，但又存在某种距离的意味。如果要用形象一点的语言来形容，就是“飘”和“雾里看花”的感觉。总台下的槽灯使服务台“浮”了起来；围合在沙发休息区的薄纱、主楼梯旁的磨砂状半透明玻璃、酒吧台的磨砂遮光玻璃、健身房玻璃隔断后的纱帘、餐厅的蚀刻玻璃一起共构了一种轻灵而神秘的设计美感。同时，在部分立面上镶嵌了高纯度的色块，它们和地面的矩形发光灯带一起构成了视觉的兴奋点，这样的对比组合，使得形式元素之间的秩序非常简洁明晰，易使人们留下深刻的印象（图7-11～7-15）。

5.特别体验型

螺旋状的入口形态、螺旋状的酒吧座位区，把你引领进浪漫之旅（图7-16）。这是意大利城市佛罗伦斯的Una Hotel Vittoria的门厅给你留下的印象。螺旋状的造型从顶面一直延续

图7-10 柏林Grand Hyatt旅馆大堂设计

图7-12 布拉格的Andel's旅馆室内设计

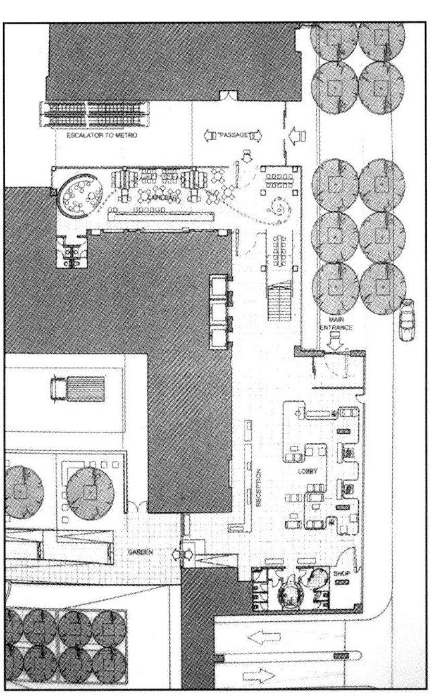

图7-11 布拉格的Andel's旅馆一层平面

图7-13 布拉格的Andel's旅馆室内设计

至服务台，确立了作为主角的位置。紫色、淡紫色、白色、淡橙色交替包围着你。随着空间的变化，这些因素唤起你不同的情感。设计的主题在过道、上网的桌子、餐厅的墙面和大餐桌中得到了延伸。精彩的形体和色彩搭配透射出现代设计的理念和高技术的含量，使真正经历过其中的旅游者难以忘却（图7－17、7－18）。

七、旅馆设计风格的整体性

对于一个旅馆，由于其中包括着丰富多样的功能空间，它们之间若没有相互协调的关系，没有突出或者强调的部分和特点，这样就削弱了整个旅馆室内设计的整体性，或者削弱了整体效果的倾向性，这样的设计就不可能使顾客在记忆中留下深刻的印象。

塑造旅馆设计整体性的关键是把握好两点因素，其一是贯彻管理公司对设计的基本要求。因为旅馆管理公司的基本设计要求就是设计的基本倾向和框架，在设计过程中，将这些要求融合进具体的形式处理，就易使设计产生统一的整体效果。

其二，整体性不是同一性。在强调整体风格的同时，也注重人对不同性质空间有不同的风格要求，但要处理好主次关系、变化和呼应的关系。旅馆本身也是一个商业综合体，多样性的空间要用不同的形式风格去演绎，但突出强调公共性的空间形式，如大堂、不同层面的过渡空间、走廊等，运用它们对于客户的接触频率和其本身的分布广度建构设计风格的整体效果。同时，在营造各自相对独立的空间设计风格时，充分关注形式的衍生变化和呼应效果，对于旅馆整体设计风格的形成也是有益的。相对来说，客房在旅馆中所占的比例高且它本身的重复性的特点，若它的设计所运用的元素与大堂等的公共空间能形成呼应或者具有内在的统一性，那么，整体性的设计效果则易自然而然地形成。

Hotel Q是德国柏林的一家精品旅店，设计师通过形态的切割和弯曲完全改变了一般常人所理解的空间标准，取而代之的是连绵不断的流动的空间。元素的构建逻辑即是切割和扭曲：一个倾斜的表面既是一个分割墙，同时又是一个可使用的家具；一个被抬起的地坪是一个通道，也可理解为建筑表皮受挤压的结果。常规的体验知觉消失了，代之以空间暧昧的阅读。从门厅的接待、酒吧、水疗中心和客房设计，你可以感到设计符号整体统一和衍生变化，这种手法是形成这个设计整体个性化的基础，也真正体现了设计者给游客“一个可以居住的、有新的内涵的世界，是新生活的邀请”的设计理念（图7－19～7－21）。

图7－15 布拉格的Andel's旅馆室内设计

图7－14 布拉格的Andel's旅馆室内设计

图7－16 意大利城市佛罗伦萨Una Hotel Vittoria室内设计

图7–17 意大利城市佛罗伦萨Una Hotel Vittoria室内设计

图7–18 意大利城市佛罗伦萨Una Hotel Vittoria室内设计

图7–19 德国柏林Hotel Q室内设计

图7–20 德国柏林Hotel Q室内设计

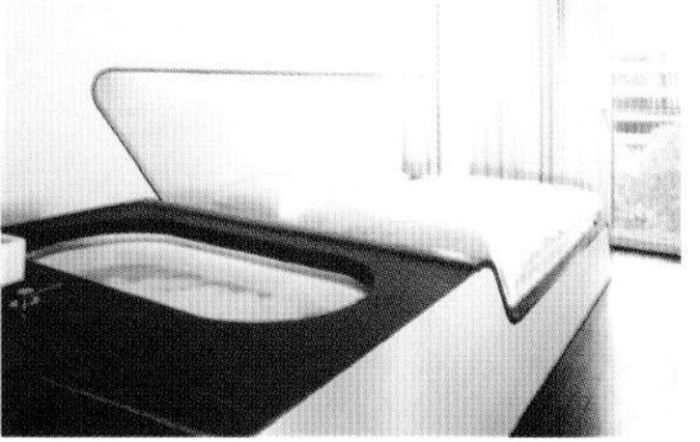
图7–21 德国柏林Hotel Q室内设计

第三节 旅馆大堂室内设计任务书

一、教学目的

旅馆是一个综合性的商业建筑，它有居住功能、会务功能和餐饮功能，也有休闲娱乐功能。这些又构成一个整体的服务功能。这个整体功能的开端就是旅馆的大堂。大堂作为旅馆的第一室内空间，含接待、分流、会客、餐饮及商务等功能。通过本设计掌握多功能的空间形态处理；大堂又是旅馆形象的象征，通过本设计掌握当代旅馆大堂设计的形式语言；旅馆设计还必须了解和考虑管理者的经营理念，因此，通过本设计，学会在一定条件的制约下，充分运用设计元素和其他相关因素，表现设计的文化内涵和个性特征，以创造适应当代人的审美品位的、有趣的、温馨的环境。

在设计过程中，通过对建筑本体空间形态、对景、自然环境下的光影关系的分析，深刻理解建筑设计的过程是室内空间创造的过程；从室内设计的角度反思建筑设计，是深化建筑设计的有效途径。此外，本课程设计应关注与思考解决的问题还包括：

1.建筑构成元素与室内空间形态的关系。2.建筑的性格与室内空间再设计的限度。3.建筑设计的风格与室内设计风格的关系。4.室内设计的细部对整体室内形式的构成的作用与影响。5.多种设计思维与表达的方法。

二、设计条件与内容

所设计的宾馆地处上海市繁华的中心城区，周围商业设施齐全，有相当数量的五星级的酒店。从总体上讲，本设计宾馆所提供的服务设施并非齐全，但在设计理念上应追求个性和精致，以显现独特的风格和形式。提供宾馆主要的建筑设计电子文件。具体设计的内容如下：

1.平面设计必须包括：接待总台、电梯厅、大堂经理座、大堂休息（小于80平方米）、服务办公用房（约30平方米）、咖啡酒吧（200平方米左右）、公共厕所一套、标准客房一套，其余关联内容自定。

2.详细设计位置：大堂公共空间部分、电梯厅、酒吧和标准客房（二选一）。

三、图纸要求

1.平面图（包括家具、地坪分格并注明材料）1：50。2.顶面图（含灯具、喷淋并注明材料）1：100。3.立面展开图（大堂、电梯厅、酒吧或标准客房，均需注明材料和主要尺寸）1：50（主要），其余1：100。4.局部详图（注明材料）1：20或1：50。5.表达设计意图的图解或文字说明 。6.彩色表现图两张以上（大堂大部、电梯厅局部、酒吧或标准客房，大小约A3）。7.图纸尺寸：720×500毫米（不少于三张）。

注：以上图纸电脑与手工绘制均可。交图时，电脑绘图的需附电子文件。

四、进度计划(见表7-2)

五、教学参考书目

1、World Space Design

2、Global Architecture 7 (Commercial Spaces)

表7-2

	一	四
第一周	发题	讲课
第二周	交流	构思草图
第三周	交一草	讲评、深入设计
第四周	深入设计	深入设计
第五周	交二草	讲评、调整
第六周	调整设计	正草图
第七周	确认正草图	上版
第八周	上版	交图

第四节 设计作业点评

1.此设计引入了“房中房”的设计理念。室内的“房子”以匣子的形式出现，而这些匣子将宾馆大堂的主要内容包容其中，如服务接待、大堂休息、精品商店、大堂酒吧等。这样就形成了明确的功能序列感，设计主题的重复也使得整个设计的形式感表现得非常强烈。不足之处是整个设计照明部分应根据不同的功能要求和形式要求增加一点变化，从顶面设计的灯的布置来看，灯具的形式和排列也略显乏味（图7—22～7—24）。

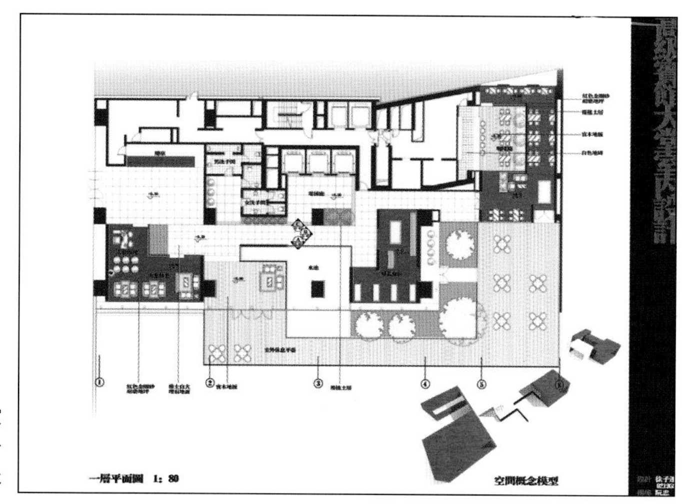

图7—22 旅馆大堂室内设计之一
作者：徐子迁

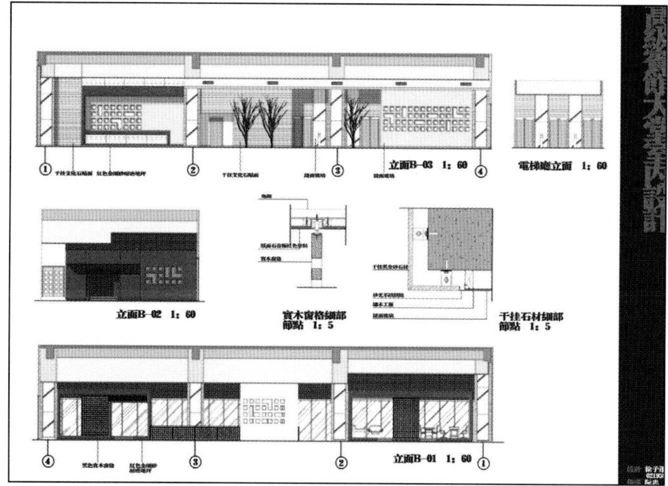

图7—23 旅馆大堂室内设计之一
作者：徐子迁

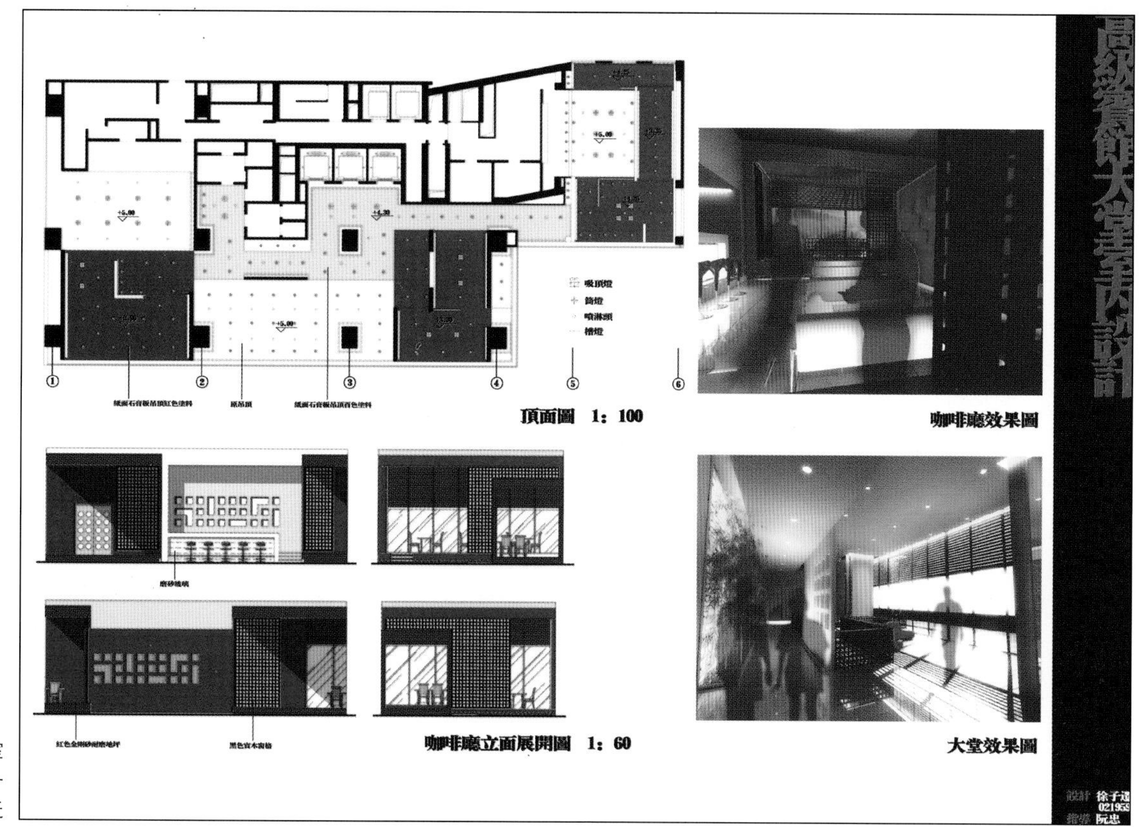

图7—24 旅馆大堂室内设计之一
作者：徐子迁

2.将光怪陆离的树的剪影和影子的抽象变形作为设计装饰的主题，并且运用这种图形的尺度形成了良好的视觉效果。在不同的功能区域，运用这种图形的连续性使空间形式得到了整合。与此同时，通过铺地的变化，使得整个空间的平面分区和限定清晰，玻璃隔断和地面的一体化连续图形，也使整个形式显得别致新颖。在客房设计时，也运用了这个设计主题，因此，作者对于整体宾馆的形式风格是有一定考虑和设想的。家具不仅具有使用功能，其形式也对整个设计的形式和风格产生重要的影响，显然，作者在对于家具形式的思考未达到应有的深度（图7-25～7-27）。

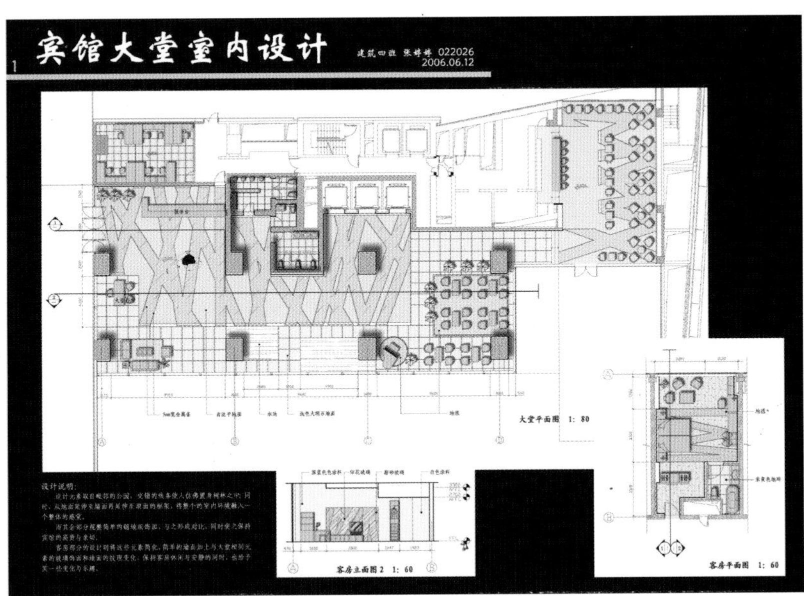

图7-25 旅馆大堂室内设计之二 作者：张婷婷

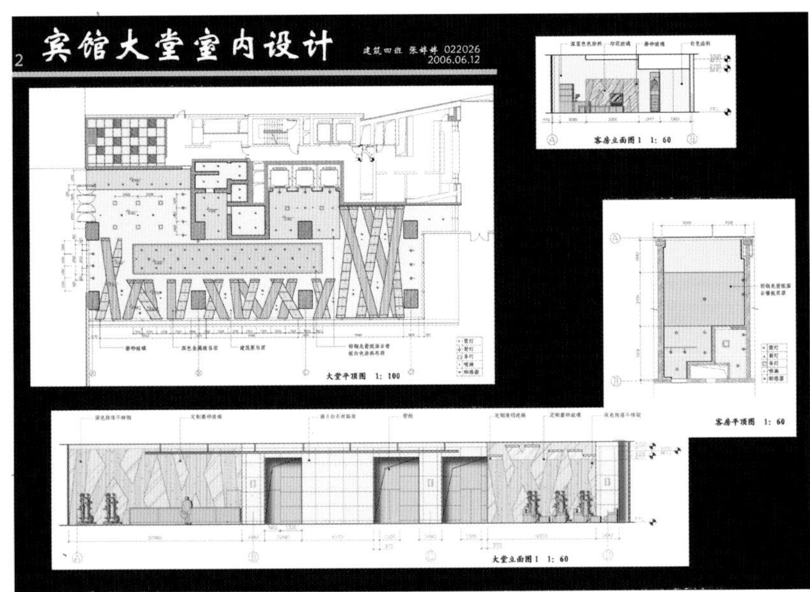

图7-26 旅馆大堂室内设计之二 作者：张婷婷

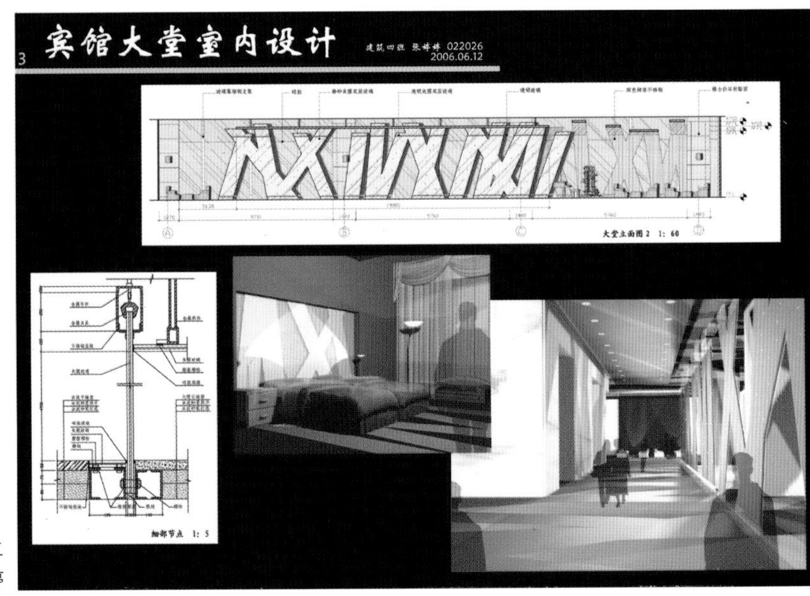

图7-27 旅馆大堂室内设计之二
作者：张婷婷

3.整个设计功能分路清楚的，通过地坪铺地的变化和顶面灯具的排列处理暗示着主要人流的方向。为了寻找空间的秩序感，增加了列柱，以使这种元素在形态的创造上发挥更加强烈的作用，但也在一定程度上干扰了总服务台的功能要求。作者以一系列的水平向薄板、构架、发光壁龛、墙体肌理的变化、界面色彩的对比为语言，使得整个设计的形式具有一定的特色。但在色彩的处理上，纯度过高，略带“火”气（图7–28～7–30）。

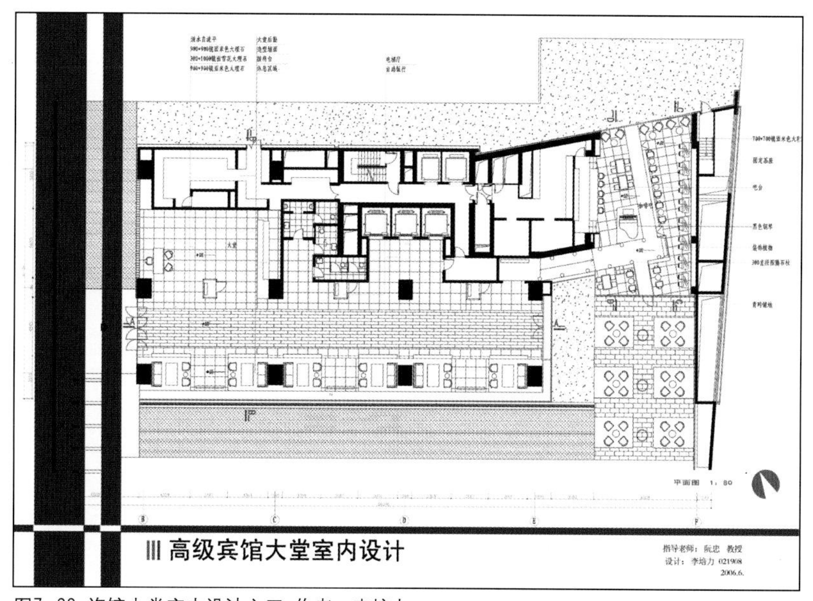

图7–28 旅馆大堂室内设计之三 作者：李培力

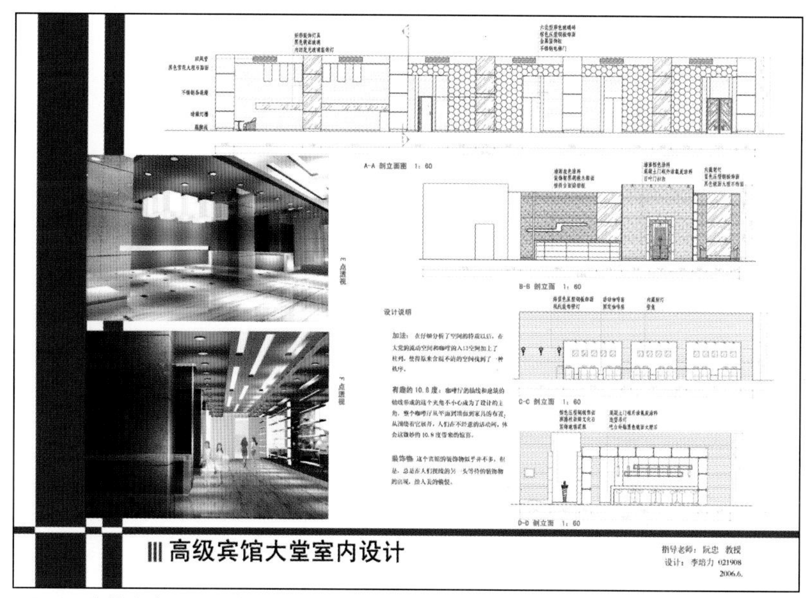

图7–29 旅馆大堂室内设计之三 作者：李培力

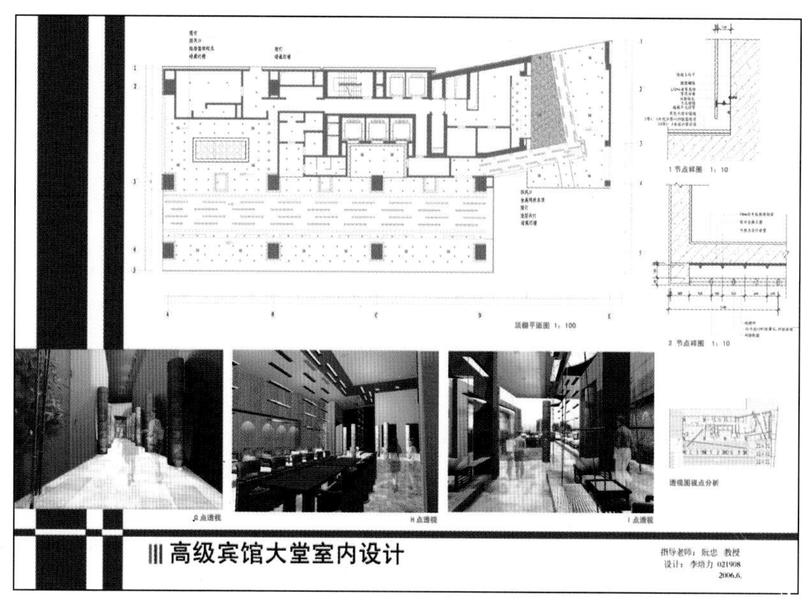

图7–30 旅馆大堂室内设计之三 作者：李培力

中國高等院校

THE CHINESE UNIVERSITY

21世纪高等院校艺术设计专业教材

建筑·环境艺术设计教学实录

设计任务书与教学目标

设计作业点评

CHAPTER 8

课程设计——毕 业 设 计

第八章 课程设计——毕业设计

第一节 设计任务书与教学目标

一、教学目标

毕业设计安排在最后一个学期进行，由前期准备、毕业设计、毕业设计答辩等部分组成，是学生在校完成学业的最后阶段，是由学习阶段走向工作岗位之前的重要过渡。

毕业设计的主要教学目的在于：在综合运用各个教学环节中已学的理论知识和实践知识的基础上，通过毕业设计进行综合训练，培养学生调查研究、查阅文献资料、收集并运用资料的能力；培养学生分析制定设计方案，包括进一步处理好建筑与环境、功能与技术、设备与空间造型之间关系的能力；培养学生深入建筑细部设计，更好地掌握图纸表达和文字表达的能力；培养学生独立工作和协同工作的能力；培养学生初步进行科学研究的能力。

毕业设计的选题一般为比较复杂的中型、大型建筑的室内外环境设计，在符合教学要求的前提下，尽可能面向社会、面向生产实践。利用实际工程项目，培养和调动学生的学习积极性和主动性，增强学生的责任感，激发学生的创新意识，提高理论联系实践的能力。在教学中，可以采用“请进来”与“走出去”相结合的方法，动用社会资源共同辅导毕业设计及进行毕业设计答辩。

二、教学任务书

1．毕业设计课题

本毕业设计的课题是：无锡市大成巷商业步行街室内外环境设计。

大成巷位于无锡市崇安区中心，东侧与中山路相交，西侧与解放北路相交，占地长度约400米，街宽14米左右。该巷的北侧是三个已经开发建成的居住区，南侧地带正处于规划阶段，街的南侧还有一处保护建筑。按照规划要求，大成巷将建成为一条商业步行街，经营内容以高档和休闲服装为主。大成巷北侧有两条支路（姚宝巷、黄石弄），各长约100米。根据要求，本次设计的范围为：

（1）沿大成巷南侧新造建筑物的方案设计（新中润集团服装市场、连元街小学沿街建筑物、文化局水利银河艺术团地块的建筑物）。

（2）沿大成巷北侧、部分南侧及两条支路部分店铺的立面改造。

（3）大成巷路面的环境设计（含两条支路，主要内容有：地面铺装、绿化布置、小品布置等）。

（4）部分建筑的室内设计（如：保护性历史建筑的室内改造、高档咖啡馆的室内设计、高级时装店的室内设计等）。

（5）大成巷沿街的夜景规划。

2．教学目的

在遵循毕业设计总体教育目标的基础上，将着重培养学生以下几方面的能力：

（1）实地调研能力（通过现场走访、调查、参观等方式实现）。

（2）资料查阅能力（要求学生通过图书馆、网站等收集资料，其中包含专业外语能力的训练）。

（3）资料分析能力（要求学生对资料进行整理分析，并撰写调研总结报告）。

（4）语言表达能力（通过方案介绍、口头汇报等方式强化学生的语言表达能力与沟通能力）。

（5）团队协作能力（通过团队的合作、讨论和协调，培养相互协作的精神）。

（6）综合处理复杂工程的能力（希望通过这一综合设计，提高学生处理综合性工程的设计能力）。

（7）熟练掌握环境设计、室内设计的能力（希望通过这次毕业设计使学生更全面地掌握这方面的知识与能力）。

3.图纸成果要求

每位同学的最终图纸量不少于六张A1图纸（不含效果图和分析图）。其中：室外部分（含：沿街建筑规划设计、立面改造、室外环境设计等）由集体统一分工完成；室内部分则每位同学完成一个单体的室内设计。

（1）室外部分的主要成果要求如下：

a.总平面图、总体分析图、总体构思说明。

b.沿街立面图。

c.各建筑单体平、立、剖面图、效果图。

d.立面改造图。

e.步行街地面铺装图。

f.步行街建筑小品图。

g.步行街效果图。

（2）室内部分的主要成果要求如下：

a.平面图。

b.平顶图。

c.内立面展开图、剖视图。

d.室内效果图2～3张。

表8—1

时间	教学内容	成果
第一周	发题、讲解、现场参观调研	
第二周	寻找资料、开始构思	
第三周	构思（室外部分）	交一草
第四周	深化构思（室外部分）	
第五周	深化构思（室外部分）	交二草
第六周	调整设计（室外部分）	
第七周	调整设计（室外部分）	交正草
第八周	完成室外部分的设计	
第九周	同上	交正图(室外部分)
第十周	准备中期检查	完成中期检查
第十一周	构思（室内部分）	
第十二周	同上	交一草
第十三周	深化构思（室内部分）	
第十四周	同上	交二草
第十五周	调整设计（室内部分）	
第十六周	同上	交正草
第十七周	上板（室内部分）	
第十八周	上板（室内部分）	交正图（室内部分）
第十九周	毕业答辩	完成答辩
第二十周	成果整理	

e.若干节点详图。

f.材料样板。

g.设计说明和构思。

4.其他成果要求

(1)调研报告：结合设计任务，每位同学独立完成，字数在4 000左右。

(2)专外翻译：专业外语翻译，每位同学独立完成。英文单词3 000–5 000个，希望能结合毕业设计题目，寻找相应的外语资料。

上述成果采用A4纸装订成册，外语翻译需附原文。

5.进度安排(见表8–1)

6.应收集的资料及主要参考书目

(1)应收集的资料(图纸部分)

a.现状实测电子地形图。

b.大成巷地区规划红线图（电子文件）。

c.沿街建筑的底层及相关层平面图（电子文件）。

d.沿街建筑立面施工图（电子文件）。

e.大成巷的管线资料。

f.沿大成巷已有规划的情况。

(2)收集的资料（文字部分）

a.规划局和建设单位的要求。

b.沿街有关单位的要求和设想。

(3)主要参考文献

a.徐磊青、杨公侠编著，环境心理学，上海：同济大学出版社，2002.6。

b.钱健、宋雷编著，建筑外环境设计，上海：同济大学出版社，2001.3。

c.刘永德等著，建筑外环境设计，北京：中国建筑工业出版社，1996.6。

d.Michael Gage，Maritz Vanden–berg著，张仲一译，城市硬质景观设计，北京：中国建筑工业出版社，1985.3。

e.Fredderik Gibberd著，程里尧译，市镇设计，北京：中国建筑工业出版社，1983.7。

f.同济大学等编，城市规划原理，北京：中国建筑工业出版社，1981.6。

g.中国城市规划学会等编，城市广场(1)，北京：中国建筑工业出版社，2000.9。

h.中国城市规划学会等编，城市广场(2)，北京：中国建筑工业出版社，2000.9。

i.中国城市规划学会等编，商业区与步行街，北京：中国建筑工业出版社，2000.9。

j.陈易著，建筑室内设计，上海：同济大学出版社，2001.4。

k.来增祥、陆震伟编著，室内设计原理，北京：中国建筑工业出版社，1997.7。

l.曾坚等编著，现代商业建筑的规划与设计，天津：天津大学出版社，2002.9。

m.盛恩养主编，娱乐空间，贵阳：贵州科技出版社，2001.4。

n.Cristina Montes编著，张海峰译，咖啡厅设计名师经典，昆明：云南科技出版社，2002.9。

第二节 设计作业点评

参加本毕业设计作业的同学有：王杉（女）、江海、顾蔚文（女）、张云杰、章琴（女）、裴科奥（老挝留学生）。建筑设计、绿化设计和室外环境设计由集体分工统一完成，室内设计则由每位同学完成。这里选取集体成果和一位同学的个人成果进行讲评。

一、集体成果

本毕业设计是一综合性较强的作业，涉及的内容比较多，包括：建筑设计、绿化设计、室外环境设计、室内设计等，整体的设计构思和特点简要介绍如下。

1.总体设计构思

(1)创造多功能的步行环境改造后的大成巷将以经营精品服装为主，兼有休闲娱乐等功能。考虑到大成巷临近连元街小学和大量高档住宅，所以经营的休闲活动以咖啡、茶座等为主，不设饭店等餐饮设施，尽量保证环境的优雅和安静。

考虑到道路的现状，仍保留明珠广场和银仁花园等处的车辆出入口。但平时将通过管理，鼓励机动车辆从支路出入。

(2)创造宜人的步行尺度

设计中尽量创造良好的步行尺度。街宽（街道两侧建筑物之间的距离）保持在14～15米；不设人行道，整个路面采用同一平面（设有排水坡）。

大成巷南侧为二到三层的新建建筑，局部为五层建筑，北侧基本是一到二层的店铺和后退的高层住宅，尺度比较亲切宜人。南侧建筑的界面部分突出原规划红线，以形成丰富的街景和轮廓变化。

（3）创造休闲的商业街气氛

在具体设计中，在原路面中心线偏北地带布置了一条"设施带"，其上设有座椅、售货亭、遮阳棚架、废物箱、树池等小品。这些小品既活跃了气氛，同时也为人们提供了很多服务设施。

步行街的地面采用毛面花岗岩铺地，形成大气优雅的气氛；"设施带"的地面采用印度红光面花岗岩铺地，但表面作防滑处理。

整条步行街上设置若干节点空间，成为人们聚会休闲的场所，起到丰富景观的作用。在设置节点空间时，将注意视线对景，强调各种景观的互相渗透。

（4）塑造相应的人文景观

大成巷具有一定的历史文化底蕴，连元街小学是一座百年名校，张骞读书处和顾毓秀读书处都有一定的历史文化内涵，因此如何在设计中体现一定的文化氛围就成为一个值得思考的问题。通过对顾毓秀读书处的保留、通过相应的地面铺装和雕塑小品处理，尽量反映出一些文化气息，塑造一定的人文景观，使游客在休闲逛街之时，也能体会到一些文化氛围，勾起人们对历史的回忆。

2.若干节点设计构思

(1)新中润广场

新中润广场位于大成巷与中山路相交处，为了形成一定的集散空间，建筑物适当后退道路红线。同时为了与步行街的尺度相呼应，建筑物沿大成巷部分为三层建筑，体量亦尽量采用分散处理的原则，减少对大成巷的压抑感。

根据业主要求，建筑物内部采用小店铺和步行廊的布局。一到二层为商业，三层主要为咖啡，四到六层为办公。

(2)顾宅及室外空间

顾宅是一历史名人建筑，在设计中考虑予以保留和改造。在改造中，吸收了欧洲常用的改造方式，对保留部分和新建部分作了不同的处理。原有建筑保留其风格，新添部分则采用现代风格，两部分相得益彰、互相衬托。

经过改造后的顾宅底层可以作为茶座、二层则可以作为学校的小型展示馆。顾宅底层设想作为营业性场所对公众开放，二层则归学校使用。结合顾宅对面的绿地，顾宅前面设置了一处小广场，广场铺地采用青砖侧铺，绿地背面设有喷泉水幕，绿地内可以布置历史名人的塑像，这一区域可以成为人们交流、休息、回味历史的场所，具有较强的人文景观特点。

(3)大成巷与姚宝巷交接处

大成巷与姚宝巷的交接处是一个重要节点，在设计中结合连元街小学沿街建筑作了处理。充分考虑大成巷及其姚宝巷的视觉效果，通过中轴线、"门"式交通空间和若干小品的处理，尽量使之成为一个视觉焦点。同时，设想通过上下人流的涌动，营造繁华的商业气氛。

至于该处教学楼的北立面，建议采用淡化处理的原则，使之成为沿街建筑的背景，尽量突出沿街建筑的完整性。

(4)与西河花园相对处

西河花园是一处高档住宅区，住宅区内有一棵千年古树和一系列水景观。为了达到借景的目标，在千年古树对面的连元街小学沿街建筑上，设计了大平台，在大平台上布置咖啡和茶座。设想人们可以一边品尝咖啡、一边欣赏古树，在繁忙的都市中，回味历史，体会片刻的宁静。

(5)大成巷与黄石弄交接处

大成巷与黄石弄交接处也是一个节点，考虑到黄石弄今后有通车的可能性，因此仅在地面上作了铺地变化，以起到丰富地面铺装的作用。

为了与附近现有建筑（西河花园和银仁大厦）呼应，一方面对现有的锦绣花园会所作了立面改造，使之具有明显的现代风格。同时新建的文化局建筑亦采用幕墙玻璃，使之尽量与周边建筑形成一个整体。

(6)其他

除了上述节点之外，还有几个需要重点处理的地方。在姚宝巷、黄石弄与县前西街交接处，也应该在人行道上设置小品或雕塑，以吸引县前西街的人流进入大成巷步行街。

大成巷与解放北路交接处，由于考虑到有车辆进出，因此交接处不设小品，通过改造后，锦绣花园前的一排灯柱吸引人流。大成巷与中山路交接处主要通过设置广场形成开阔空间吸引人流，广场的边缘处可考虑间隔设置石球或矮石柱，并附以地灯照射。

3.绿化设计

大成巷虽然地处闹市，土地资源十分宝贵，但在设计中仍然尽量设置一些绿化，以起到柔化硬质空间的作用。

(1)面状绿化

保留顾宅对面的一块绿地，使之成为面状绿化。该绿地上有两棵参天大树，能够为广大游客提供遮阴，绿地内将设置历史名人雕塑。

绿地的背面设有喷泉水幕，水幕将与音乐、灯光和雾气相结合，突出水体的动感效果，形成灯火辉煌、烟雾缥渺的感觉，丰富步行街的景观效果。

(2)线状绿化

绿化的〝线形〞布置主要表现在若干固定行道树和活动行道树、设施带的遮阳棚架，以及有些建筑屋顶的下垂形绿化上，希望通过线状绿化强调方向性，柔化硬质景观。

(3)借景构思

受地形和条件的限制，步行街上不可能有大量绿化，因此在设计中还采用了借景的手法。通过设置二层平台，借取西河花园内的绿色景观。西河花园内有一棵千年古树，并设有水景观，在步行街设计中尽量借取居住区的景色丰富步行街的景观效果。

(4)零星绿化

步行街上设有活动花坛，其中可以布置点缀耐阴花灌木及草木花卉，成为时花花坛，达到〝小处添趣〞的效果。

4.照明设计

(1)照明设计原则

大成巷全长约400米，两侧景观及建筑的设计效果比较精致，建成后将成为崇安区重要的休闲旅游场所。夜景设计需要同时考虑功能、美观和节能等多方面的因素。

为晚间交通和活动提供必要的功能性照明是夜景工程的首要目的。大成巷的功能性照明主要由设施带上的路灯提供，同时两侧店铺橱窗内的灯光也将提供补充照明，尽量在道路的纵深方向产生视觉引导效果。

结合建筑设计的要求，在几个景观节点重点表现。此时，照明的目的主要是为了满足夜晚交流活动的需要，重点是创造亲切、宜人的照明环境，照明的设计将更富艺术化。这时将根据建筑空间的高低错落和围合延伸，在不同的位置分别采用庭院灯、座灯、投光灯、草坪灯、地埋灯等景观照明灯具，在整个视觉空间形成一个完整的照明效果。在不同的高度内通过亮度中心的改变，营造出活跃的气氛。

绿化的照明设计也是不可缺少的部分，将结合植被的特点，采用地埋灯、投光灯和草坪灯的组合，表现植物在晚间的优美姿态。

灯光对于形成商业气氛也有重要作用，将通过内光外透、广告灯箱等手法形成灯光璀璨、晶莹透亮的夜景效果。

(2)灯具选择原则

所选灯具将既需满足照明功能的要求，又在造型上与灯具所处区域的功能、建筑特点相协调，使灯具在白天也成为一道特殊的景观。同时，灯具选型也将考虑节能、安全、环保、价廉等要求。

(3)照明控制原则

大成巷的照明方案将考虑照明控制的策略问题。从节能的角度出发，把整个夜景的照明控制模式确定为：重大节日开启全部灯光设备；平时开启大部分灯光设备，包括功能性照明和部分景观照明设备；深夜开启少量灯光设备，主要为功能性照明设备及部分橱窗内的灯光。

当灯全部打开时，将显现出整条步行街辉煌的夜景，届时华灯齐放、溢彩流光；部分开灯则在保证基本的功能性照明前提下，重点突出有特色的几个建筑节点和小品；深夜的时候则主要是以功能性照明的路灯及部分橱窗内的灯光为主（图8-1～8-12）。

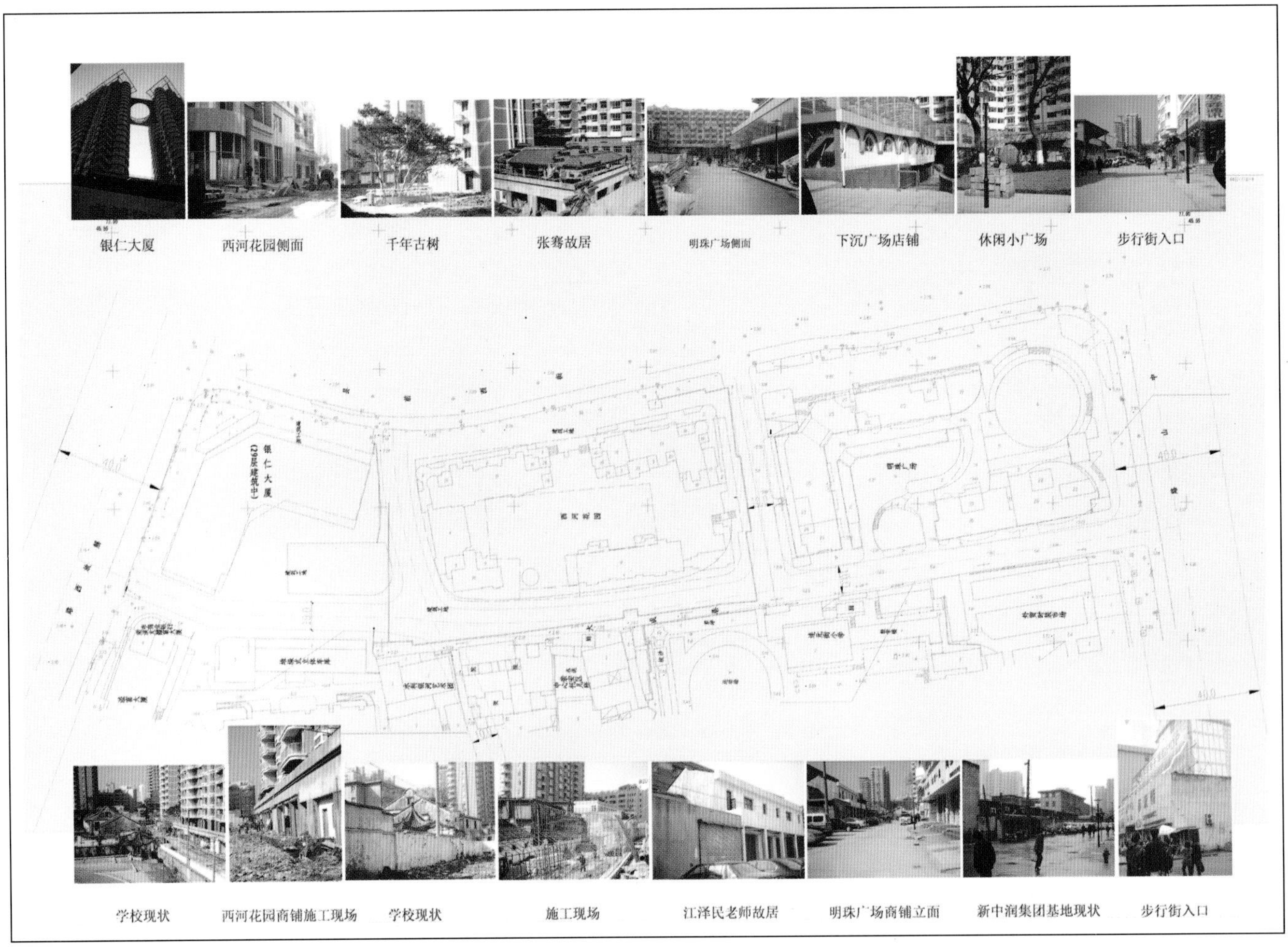

银仁大厦　西河花园侧面　千年古树　张骞故居　明珠广场侧面　下沉广场店铺　休闲小广场　步行街入口

银仁大厦（29层建筑中）

学校现状　西河花园商铺施工现场　学校现状　施工现场　江泽民老师故居　明珠广场商铺立面　新中润集团基地现状　步行街入口

图8—1 无锡市大成巷商业步行街设计方案(步行街现状图)

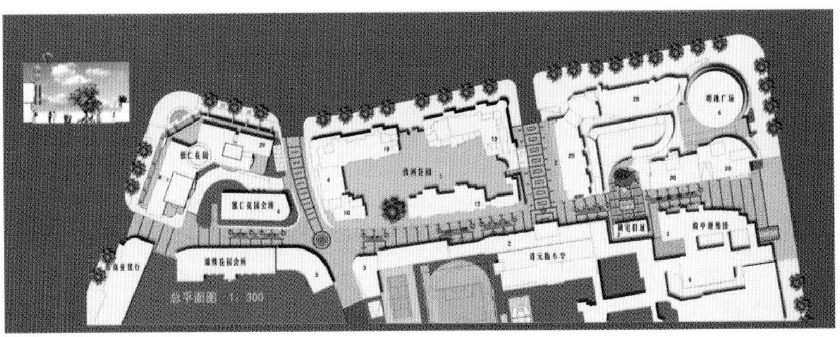

图8—2 无锡市大成巷商业步行街设计方案(步行街总平面图)

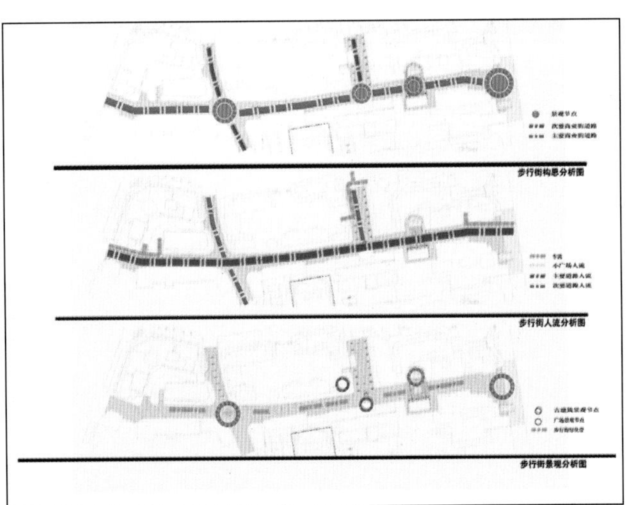

图8—3 无锡市大成巷商业步行街设计方案
(步行街构思分析图、人流分析图、景观分析图)

图8-4 无锡市大成巷商业步行街设计方案(步行街沿街立面图 南、北沿街立面)

图8-5 无锡市大成巷商业步行街设计方案(东端入口店面改造)

图8-6 无锡市大成巷商业步行街设计方案（中段绿地）

图8-7 无锡市大成巷商业步行街设计方案（中段店面 西河花园店面改造）

图8-8 无锡市大成巷商业步行街设计方案(步行街东端效果图 新中润广场效果图)

图8-9 无锡市大成巷商业步行街设计方案(步行街中段效果图 连元街小学沿街效果图)

图8-10 无锡市大成巷商业步行街设计方案(步行街西端效果图 文化局建筑沿街效果图)

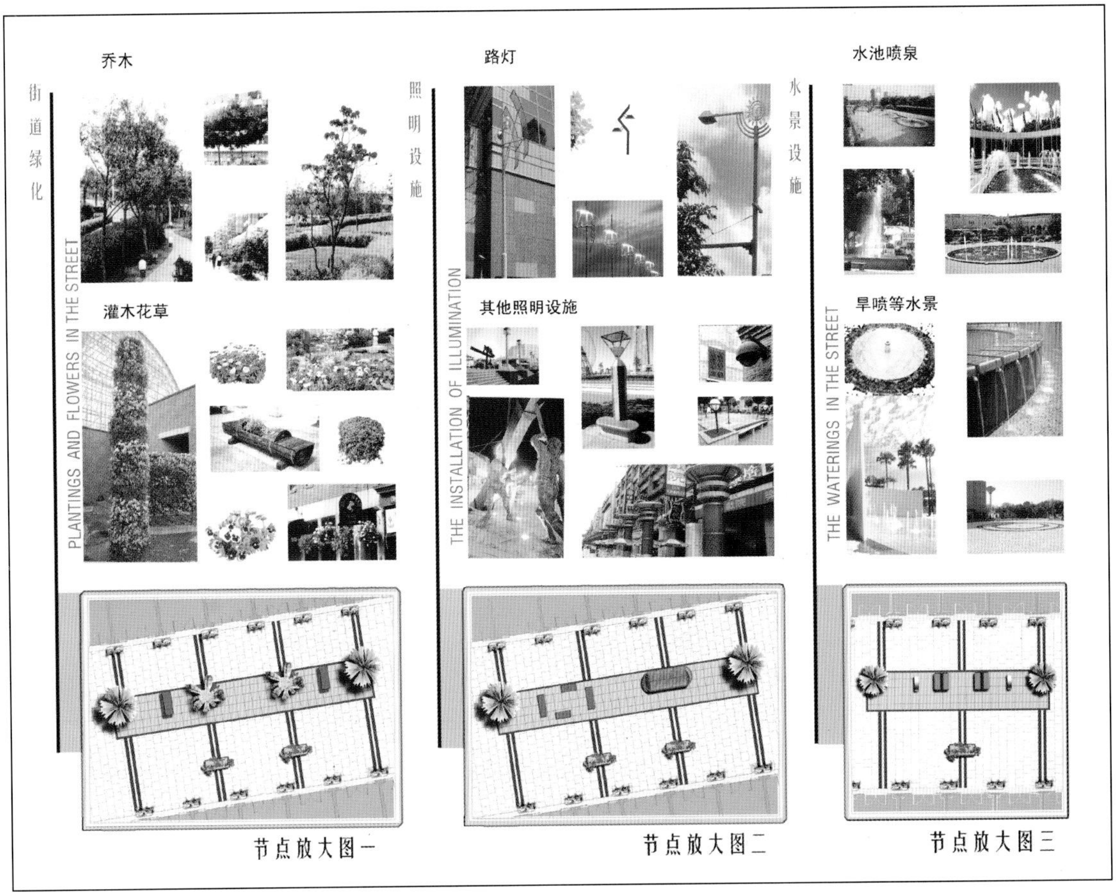

乔木

街道绿化

PLANTINGS AND FLOWERS IN THE STREET

灌木花草

路灯

照明设施

THE INSTALLATION OF ILLUMINATION

其他照明设施

水池喷泉

水景设施

THE WATERINGS IN THE STREET

旱喷等水景

节点放大图一

节点放大图二

节点放大图三

图8–11 无锡市大成巷商业步行街设计方案(步行街若干铺装节点图、街具设施意向图 植物、水景、照明设施)

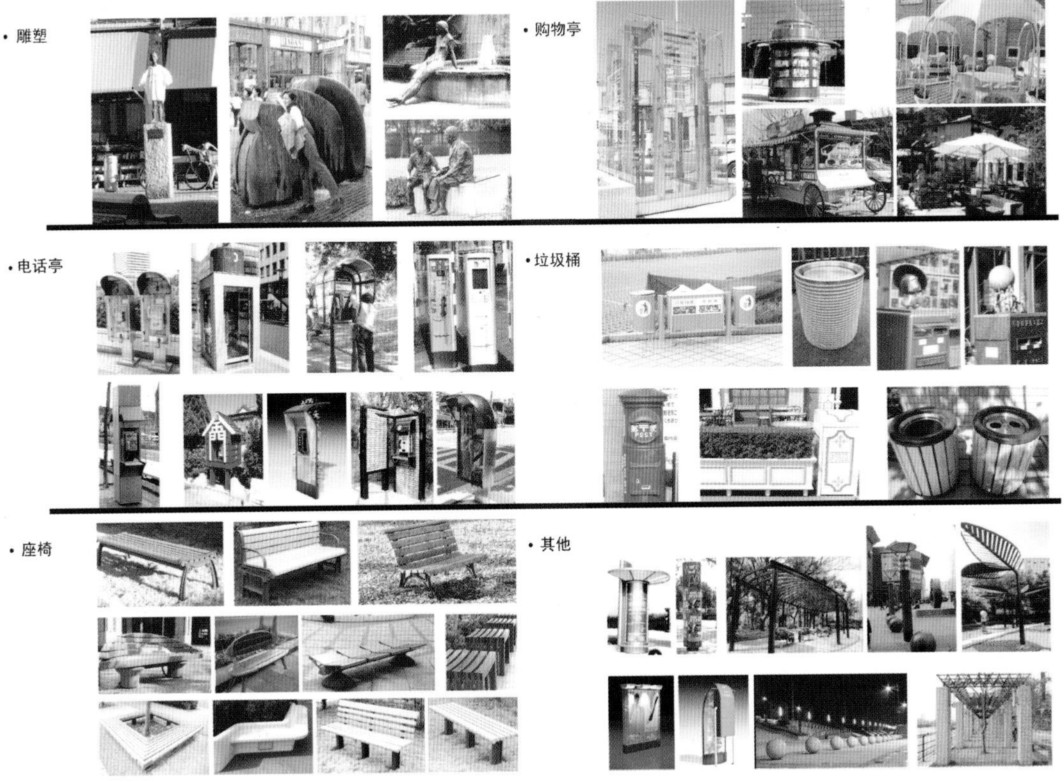

图8–12 无锡市大成巷商业步行街设计方案(步行街街具小品意向图 座椅、垃圾箱、电话亭、购物亭、雕塑等)

二、个人成果

参加毕业设计的每位同学的工作量，既包括集体分工统一完成的内容，又有学生独自完成的内容。下面介绍王杉同学的工作内容。王杉同学负责完成的集体图纸包括基地概述、设计说明、总平面图、步行街道路标高及剖面图、步行街绿化分布图、步行街售货亭座椅分布图、步行街照明设施分布图、步行街若干铺装节点图、街具设计（售货亭、花池、广告牌）等。王杉同学独自完成的个人设计内容包括网吧、咖啡厅的室内设计（图8—13、8—14）。

王杉同学平时学习认真主动，能熟练运用基础知识，全面完成任务；能协助指导老师做好小组的协调管理工作，履行组长的责任；王杉同学还能熟练翻译专业外语，熟练运用电脑，图面效果较好。

王杉同学的设计有明确的构思，有较好的深度，涉及范围亦较广；王杉同学制图清晰，工作量饱满，图面质量较好；在整个毕业设计过程中，态度端正，刻苦努力。设计中的主要不足之处在于：街具设计尚缺乏统一感；彩图中没有提供室内设计的平面图、平顶图、立面图和剖面图。

在毕业设计答辩时，王杉同学能在规定时间内完成介绍，方案介绍清晰，语言流畅，回答问题简要准确，效果较好。

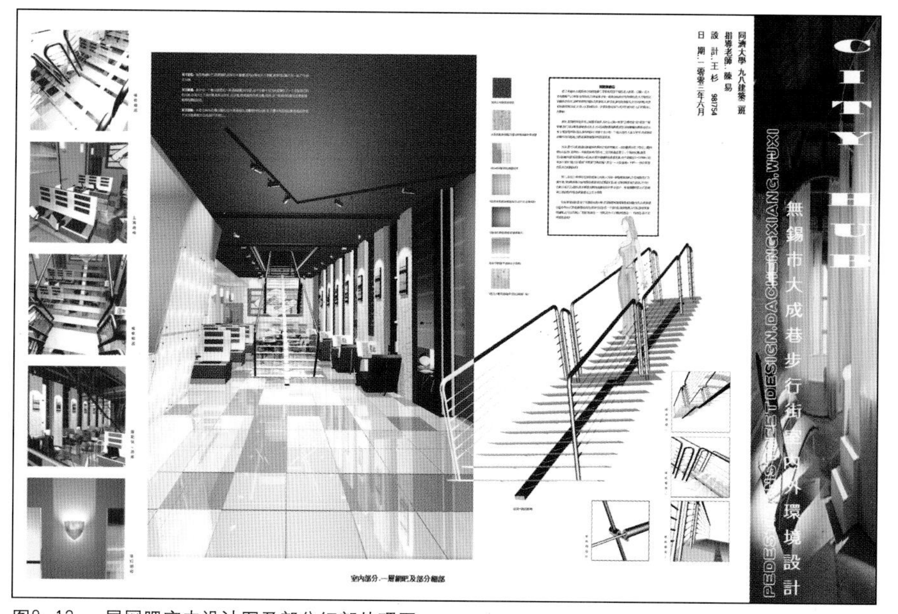

图8—13 一层网吧室内设计图及部分细部处理图

图8—14 二层咖啡室、中庭室内设计及家具设计

后 记

忙碌了一年半，终于看到了胜利的曙光。

这次编撰《室内设计》一书，为了完整体现教学目标，我们将历年做过的课程题目进行了梳理和精选，从而确定了本书的框架。其宗旨是通过这些不同的课题，使学生对室内设计的主要内容有一全面的认识；学习设计中不同的研究分析方法；理解方案设计应有的深度，掌握方案的表现手法，从而全面提升学生的创造能力。

每当整理这些学生作业，不禁使我们想起来增祥教授、庄荣教授对我们的教诲，现在这个课程构架就是当年由他们创立的；当然，这些教学成果也离不开同济大学建筑与城市规划学院、建筑系领导们的支持，同时也凝聚了我们教学同仁的辛勤劳动，在此向他们表示衷心的感谢；此外，辽宁美术出版社的领导和编辑也对本书的出版提供了大力支持，在此也表示由衷的谢意。

一年半以来，虽然我们竭尽全力，但由于有的资料已经遗失，或没有电子文档，再加上时间和水平有限，本书一定存在这样或那样的不足，恳请同行不吝赐教。

希望本书能对我国室内设计教学的发展具有一定的参考价值。

本书编写的具体分工为：绪论、第一、第二、第六、第七章由阮忠编写，第三、第四、第五章由黄平编写，第八章由陈易编写。

编者

2007年2月27日